國家社會科學基金項目"出土文獻中的數學史史料研究"
（15BZS005）的成果

簡牘數學史論稿

蕭　燦◎編著

科学出版社
北京

内 容 簡 介

秦簡《數》於 2007 年入藏湖南大學嶽麓書院，2011 年出版爲
《嶽麓書院藏秦簡（貳）》（上海辭書出版社）。《數》是繼張家山
漢簡《算數書》之後全文刊布的中國早期數學簡冊，是數學史和社
會經濟史研究的重要資料。本書收錄了作者以及合作研究者在整理
研究《數》的這十年裏發表的十五篇論文。

圖書在版編目（CIP）數據

簡牘數學史論稿 / 蕭燦編著. —北京：科學出版社，2018.11

ISBN 978-7-03-059449-5

Ⅰ. ①簡… Ⅱ. ①蕭… Ⅲ. ①數學史－中國－秦代－文集

Ⅳ. ①O112-53

中國版本圖書館 CIP 數據核字（2018）第 255665 號

責任編輯：王　媛 / 責任校對：韓　楊
責任印製：張　偉 / 封面設計：科地亞盟

編輯部電話：010-64011837

E-mail:yangjing@mail.sciencep.com

科学出版社 出版
北京東黃城根北街 16 号
邮政编码：100717
http://www.sciencep.com

北京盛通商印快线网络科技有限公司 印刷
科學出版社發行　各地新華書店經銷

*

2018 年 11 月第　一　版　開本：720 × 1000　B5
2019 年 1 月第二次印刷　印張：9　1/2
字數：137 000

定價：79.00 元

（如有印裝質量問題，我社負責調換）

序　言　一

2008 年元旦後，一場暴風雪突襲南方，長沙的氣溫降至冰點，嶽麓山上的綠樹披掛着厚重的冰雪，像穿上了一副銀色的鎧甲。在這寒氣逼人的冬日，山腳下湖南大學嶽麓書院後院裏的一間小屋裏，却擠滿了來自全國各地的文物專家。大家正聚精會神地俯首觀看剛剛揭剥清洗出來、盛放在托盤裏的黑乎乎的竹片。一位中年學者借着昏暗的燈光，艱難地辨識着上面的文字：" · 廿六年四月己卯丞相臣狀、臣綰受制……" 啊，這不是秦始皇二十六年時的丞相嗎！原來，專家正在對嶽麓書院不久前從海外搶救回來的一批竹簡進行鑒定，最初以爲是漢簡，結果發現是珍品秦簡。

嶽麓書院藏秦簡，經陳松長教授爲首的團隊的整理、研究、編纂，辛勤工作，於 2010 年由上海辭書出版社出版了《嶽麓書院藏秦簡》第壹輯。之後以一年半左右一輯的速度整理出版，每次出書都引起古文獻學界的轟動。一書之出，像是喜慶的節日，學者們喜形於色，言談撰作多聚焦於此。2011 年底出版的第貳輯，是秦代的算術書《數》，更引得國際數學界好一番激動。主要負責整理注釋工作的蕭燦，以其整理研究成果撰寫的博士論文《嶽麓書院藏秦簡〈數〉研究》，入選 "2013 年全國優秀博士論文"，一時學界爲之轟動。

我認識蕭燦，正緣於嶽麓秦簡。那時，蕭燦從湖南大學建築學院碩士畢業，原本理工女不知動了哪根筋，跨界考到文科的嶽麓書院跟着朱漢民院長讀博。因緣際會，恰好遇到嶽麓書院秦簡來到，她也就一起參加了秦簡的整理。負責整理工作的陳松長教授向我介紹蕭燦："才女！"他把蕭燦寫的詩詞發給我，還真把我給 "震" 住了。選兩首吧：

《小重山》

一種悲涼易白頭。

夢殘人不醒，
念溫柔。
那時風月爲誰羞。
清鏡裏，
清影照清愁。

莫上最高樓。
從前多少泪，
不能收。
幾分天意没來由。
將往事，
和我做成秋。

《一剪梅》
一面風情不解緣。
無奈同生，
薄幸人間。
偶然聚散各西東，
難得良辰，
却話閑言。

夜半蕭條月半眠。
是否君心，
恰似孤山？
憑誰并剪碎水雲煙，
濃淡青絲，
軟透華年。

這怎麼會是出自二十幾歲年輕女孩之手的詞作呢？接觸多了，纔知道蕭燦從湖南大學建築學院碩士畢業後已留校，她還是武林高手，多次在湖南省的各種武術比賽中獲獎。她給湖南大學全校學生講授"中華武學"公選課。我乃開玩笑叫她"三萬學生軍教頭"。後來，她又拜師魏懷亮先生學國畫，由於有學建築出身的繪畫基礎，技藝突飛猛進，受到圈内人士的稱贊，業餘習畫三年，作品就入選每四年一届的"湖南省花鳥畫大展"。她負責整理嶽麓秦簡的《數》，正好做了博士論文選題。在我看來，一方面是蕭燦運氣好，恰遇秦簡；另一方面，又是秦簡運氣好，恰遇蕭燦。塵世間，這樣兩全其美的好事可遇而不可求呢！

嶽麓書院藏秦簡的整理十分繁難細瑣。因這批簡在運抵嶽麓書院時，順序已亂，被隨意分爲八捆，多種文獻混雜散布，殘損嚴重，整理起來非常複雜。嶽麓書院的整理團隊嚴格按照簡牘整理程式與科學方法，全程充分觀察秦代簡册的形制、書寫等制度特徵，扎實而細緻地推進工作。

嶽麓書院藏秦簡《數》，因其書寫年代早於已發表的張家山 247 號墓漢簡中寫於西漢初年的《算數書》，學者們非常關注。蕭燦和她的同事們克服了種種困難，以令人滿意的速度，出色地完成了甄選、拼綴、編聯、釋讀、注釋的整理與初步研究的任務。由於蕭燦兼修文理，因而能夠充分運用古代數學史知識，解決文科生所不能解決的問題。如一例"盈不足"算題由八段殘片綴合而成，即是利用了茬口形態、竹簡紋理、殘存墨痕、古算術用語、演算法推理等多方面的知識而復原的。在考釋方面，蕭燦也盡可能結合傳世文獻和以往出土文獻的研究成果，與竹簡文字對比參照。例如："程"字的釋義是從《漢書》、《九章算術》、《睡虎地秦墓竹簡》、張家山漢簡《算數書》幾處引證的；"秅"字的釋義是從《史記》、《漢書》、馬王堆帛書幾處引證的；"婦織"算題在分析本題演算法後又與張家山漢簡《算數書》的類似算題對比；"有圓材薶地"算題與《九章算術》"勾股"章算題對比。書中對每個算題兼有文字釋義和演算法分析兩方面的闡釋，在有些注釋裏更提出了新穎見解，深化了對中國古代數學史及秦文化史的認識與研究。蕭燦在整理秦簡《數》的過程中，還注意虛心請教國内外專家學者，如李學勤、彭浩、陳松長、陳偉、郭書春、鄒大海、古克禮（Christopher Cullen）、林力娜（Karine Chemla）、徐義保等，得到許多寶貴的幫助和指導。2010 年 9 月，嶽麓書院在《數》的初稿完成後，還特地組織了"《嶽麓書院藏秦簡（貳）》國際研讀會"，邀請國內外專業學者審校批評，集思廣益，協助解決各種疑難。2011 年 12 月，《數》終於作爲《嶽麓書院藏秦簡（貳）》由上海辭書出版社出版，爲學術界提供了優質的讀本，受到了一致的好評，立即成爲全球自然科學史討論的熱點，在學術界産生很大影響。

中國科學院自然科學史研究所的郭書春先生編寫的《中國科學技術史·數學卷》一書，有專門章節介紹《嶽麓書院藏秦簡·數》。這本著作獲得了第四屆"郭沫若中國歷史學獎"唯一的一等獎。

英國劍橋大學李約瑟研究所（Needham Research Institute, Cambridge, UK）邀請蕭燦赴劍橋大學作學術訪問。訪英期間，蕭燦努力學習工作，榮獲"Sino British Fellowship Trust, Certificate of Merit"優秀獎。歐盟科研項目 SAW（"Mathematical Sciences in the Ancient World", Advanced Research Grant, European Research Council）將《嶽麓書院藏秦簡·數》作爲研究中國古代數學史的重要材料，邀請蕭燦赴巴黎第七大學報告研究成果。在日本，由京都大學人文研、大阪産業大學、山梨大學等高校學者組成的"中國古算書研究會"，將《嶽麓書院藏秦簡·數》作爲主要研讀著作。2013 年 7 月在英國曼徹斯特舉行的第 24 屆國際科學史大會"中國早期數學知識的運用"專題會議，也把《嶽麓書院藏秦簡·數》作爲主要研究對象。

認識蕭燦以來，她的直爽率真、勤奮拼搏、刻苦努力、孜孜以求，給我留下了深刻的印象。現在，蕭燦將多年來撰寫的論作，結集出版，是件可喜可賀的大好事。蕭燦囑爲小序，謹從命。

胡平生

戊戌夏於北京

（中國文化遺産研究院）

序 言 二

秦簡《數》（《嶽麓書院藏秦簡（貳）》，上海辭書出版社，2011年），是繼張家山漢簡《算數書》之後全文刊布的中國早期數學簡冊，是數學史和社會經濟史研究的重要資料。

《數》和《算數書》都是數學問題的分類彙編，多源自生產、商貿、生活和行政管理的需要，偏重於應用。據公開的資料介紹，後來發現的雲夢睡虎地77號漢墓竹簡《算術》和北京大學藏秦簡的三卷數學書籍也多如此。先秦兩漢時期，社會重視數學知識的應用，北京大學藏秦簡《算書》甲篇《魯久次問數於陳起》以「天下之物，無不用數者」加以概括，是很恰當的。該篇所說「和均五官，米粟髹桼（漆）升料斗甬（桶），非數無以命之」，是指度量衡制度的建立與數的計算密切相關。睡虎地秦簡《倉律》簡41-43和張家山漢簡《算數書·程禾》是一個典型的例子。簡文的「禾黍一石爲粟十六斗大半斗」指重一石（秦、漢制120斤）帶葉穉的黍穗脫粒後得帶殼的原糧十六斗大半斗；「稻禾一石爲粟廿斗……舂爲米十斗」是說重一石的帶秸穉的稻穗，可得稻穀（原糧）二十斗。它們是重量石轉換爲容量斗的標準。容十六斗大半斗的標準量器見於赤峰蜘蛛山遺址出土的秦始皇二十六年陶量，自銘容「十六斗泰（大）半斗」。據嶽麓書院藏秦簡《數》簡103「黍粟廿三斗六升重一石」，「黍粟十六斗大半斗」折合84.7斤，不足一石之重，兩者之差35.3斤是秸穉的重量。據《數》簡104記「稻粟廿七斗六升重一石」，可得稻粟二十斗重約86.9斤，與「稻禾一石」重120斤之差33.1斤是秸穉的重量。按秦簡《數》108簡記「芻新積廿八尺一石、槀卅一尺一石」計算，重一石的黍粟、稻禾折合成體積的數值彼此非常接近，誤差在百分之一左右，可以忽略不計。據此計算，「黍粟一石」和「稻禾一石」的體積略低於「禾石居十二尺」（《數》簡177）的標準。由於禾黍、禾粟和稻禾乾濕程度、堆積的密實度不盡相同等原因，"禾石居十二尺"是一個略超出實際數的標準。由此可知，糧食計量由重量石轉換爲容量石的法律規定是建立在準確的測量和計算基礎之上的；正是秦簡《數》的公布，纔使這一懸置多年的疑問得以解決。

　　秦漢時期田租徵收的具體方式，一直不太清楚，通過《數》和《算數書》的相關算題纔得以瞭解。當時把登記在冊的土地稱作"輿田"，其中的一部分，約十分之一，用於交納田租，稱作"稅田"。里耶秦簡 8-1519 記載遷陵縣秦始卅五年"狠（墾）田輿五十二頃九十五畝，稅田四頃□□"，據學者研究，稅田占輿田面積的 8.5%，不足十分之一，或是地域的差別。稅田是從各户占有土地中割出，全部收成爲田租。通過測算稅田的"程"，即達到某一單位產量（如斗、石）對應的土地面積，來計算"稅田"的產量，并記錄在券上。如果稅田是糧食作物，收割後的穀穗堆成垛，祇需測算其體積，依"禾石居十二尺"的標準，可求得該垛糧食的重量。這種確定田租和計量的方式未見於文獻記載，是全新的知識。

　　簡冊整理是一項極富挑戰性的工作。整理者需要花費大量精力和時間做分類、拼接、編聯等工作。嶽麓書院藏秦簡非考古發掘品，在流通過程中失去原有編次，加之數量大，保存狀況不甚理想，殘損較多，要從中分別不同篇的竹簡，殊非易事。不僅要對竹簡仔細觀察，瞭解彼此的形制特點、書體的差異，更重要的是對竹簡所記内容要有比較清楚的瞭解。爲確定竹書的編聯次序、寫定釋文，往往絞盡腦汁。作爲《嶽麓書院藏秦簡（貳）》的執筆者蕭燦，爲此付出極大努力，所獲成果得到學界好評。

　　蕭燦原本從事建築史教學和研究，後跨專業進入嶽麓書院修讀博士學位，用數年時間對《數》簡做整理，并完成學位論文《嶽麓書院藏秦簡〈數〉研究》。這本論文集是她對秦簡《數》及數學史相關問題研究心得的彙編。其中的多數論文是在整理《數》簡期間陸續發表的，反映她在秦簡《數》整理過程中對一些問題的思考。讀者不僅能從中瞭解中國古代數學史等方面的知識，還可體會她的簡牘整理經驗，以爲借鑒。

彭　浩

（荆州博物館）

目　　录

嶽麓書院藏秦簡《數》的主要内容及歷史價值

蕭　燦，朱漢民

湖南大學嶽麓書院在 2007 年 12 月從香港古董市場收購了一批簡，經檢測鑒定爲秦代簡。2008 年 8 月，書院又接收到少量捐贈簡，已確認與之前收購的簡是同一批出土的簡①。在這批簡中，有一部分簡的内容是關於算數的，而編號爲【0956】簡的背面寫有一個"數"字，因此定名爲《數》②。

一、《數》的一些基本情况

目前整理出的《數》竹簡共有 220 餘枚（以有整理編號的簡計數），還有部分竹簡殘片仍在拼綴整理中。每枚完整竹簡長約 30 釐米，有上中下三道編繩。

文字書於竹黄一面，正文一般寫在上下編繩之間，偶有文字寫在上

---

① 陳松長：《嶽麓書院所藏秦簡綜述》，《文物》2009 年第 3 期，第 75 頁。
② 之前公開發表的文章中稱爲《數書》，現更稱爲《數》。

編繩以上部位的，如【0839】簡頭端的"秝"字，應該是題名；或者有若干字寫於下編繩以下部位的，如【0460】簡尾端的"步"字，【0776】簡尾端的"（卅）六分升廿七"（其中"卅"字被編繩遮蓋），可能是當時的書寫者不願爲了語句末尾的幾個字而另寫一簡。有些簡的文字分欄抄寫，如【0852】簡的"荅十九斗重一石，麻廿六斗六升重一石，菽廿斗五升重一石"，這也許是因爲其内容之間爲并列關係。

從字體看來，全書是由一人抄寫的。個別字在書中出現不同寫法，如"法"與"灋"。

《數》中出現的符號有以下幾種：

重文號和合文號"＝"，如【0954】簡的"田廣十六步大半＝（半半）步，從（縱）十五步少半＝（半半）步"，表示重複的文字；【0978】簡的"夬＝"，爲"大夫"合文；數字的合文均未見加合文號，如卌（四十）、卅（七十）。

勾識"㇄"，用作斷句，如【2066】簡的"秫一石十六斗大半斗㇄稻一石"；在題中數字連續出現時多用以點斷上下句，避免誤讀，如【0949】簡的"以半爲六㇄三分爲四＝（四，四）分爲三"。

墨點"·"，用作斷句，如【0939】簡的"三步一斗，租八石·今誤券多五斗"；【0776】簡的"以粟求菽荅麥，九之十而成一·以米求菽荅麥，三之二成一"。

《數》中出現的符號，均見於張家山漢簡《算數書》，用法也大致相同[①]。

《數》算題的結構組成及語法句式與張家山漢簡《算數書》相近，現已整理出的完整算題大多由這樣幾部分構成：已知條件、求解的問題、答案、解題方法。但從目前的整理情況來看，有一些算題衹見到已知條件和答案，還有的算題無記錄解題方法的術文，這或許不是算題的原始狀況，可能與這批簡的保存不好有關。在《數》的算題中衹發現少數算

① 彭浩：《張家山漢簡〈算數書〉注釋》，北京：科學出版社，2001年，第3頁。

題有題名，如"禾程""少廣""衰分之術""贏不足"等，與此對照，張家山漢簡《算數書》的九十二個完整算題中現存六十九個題名[1]，也就是大多數算題有題名，算題也因此顯得有獨立性，且便於稱引。

對《數》算題的内容稍作歸納，我們發現《數》算題呈現"組群"特點：第一，有些算題祇是改變題設條件的數據，其他叙述則是一樣的，而且條件數據的設計有難易程度的變化，如果是由易到難排序，則可以給閱讀者循序漸進的訓練；第二，同類型同演算法往往有多道算題，題設條件涉及生產生活的種種情況，使閱讀者能夠學會對抽象演算法的實際應用。《數》看起來就像一本用心編排的教材。

如何復原《數》的編次是個難題，原因在於這批秦簡是從古董市場收購的，而在清洗揭取繪圖的過程中我們發現竹簡已在流轉的過程中打亂了出土時的存放順序和繫聯關係。

在整理過程中，我們發現《數》的許多算題與張家山漢簡《算數書》《九章算術》的算題十分相似，有的就連題設數據都相同，因此下面在介紹《數》算題的主要内容時，也會特別指出這些相似的算題。

二、《數》算題的主要内容

（一）"方田"類算題

此類算題是關於土地面積計算的。現存算題包含三種平面圖形土地面積的計算。

（1）計算矩形土地面積的算題。例如：

---

[1] 彭浩：《張家山漢簡〈算數書〉注釋》，北京：科學出版社，2001年，第12頁。

【0764】□①廣三步四分步三，從（縱）五步三分步二，成田廿一步有（又）四分步之一。

【1742】田廣六步半步四分步三，從（縱）七步大半步五分步三，成田五十九步有（又）十五分步之十四。

【0829】〔田〕廣十五步大半半步，從（縱）十六步少半半〔步〕，成田卅二步卅六分步五。述（術）曰：同母，子相從，以分子相乘。

從這組算題可見上文指出的《數》算題的"組群"特點。爲簡約起見，以下不再成組列舉這種祇改變數據的算題組群。

【0829】算題答案應爲"成田一畝卅二步卅六分步五"，原簡文沒有"一畝"兩字，當是簡文脱漏。算題涉及分數加法及分數乘法，同類題型亦見於《九章算術》的"方田"章以及張家山漢簡《算數書》之"大廣"，祇是記述演算法的術文在表述上有些差别。

（2）計算箕形土地面積的算題。箕形即等腰梯形。例題是：

【0936】箕田曰：并舌墥（踵）步數而半之，以爲廣，道舌中丈徹墥（踵）中，以爲從（縱），相乘即成積步。

《九章算術》之"方田"章也收録有箕形土地面積算題，所給的計算方法是"并踵、舌而半之，以乘正從，畝法而一"②，與《數》演算法相同。張家山漢簡《算數書》中未見箕形土地面積算題。

（3）計算圓形土地面積的算題。例題是：

【0812】周田卅步爲田七十五步。

此題與《九章算術》"方田"章第三十一題可對應："今有圓田，周三十步，徑十步。問：爲田幾何？答曰：七十五步。"③兩題的數據都是

---

① 在《嶽麓書院藏秦簡〈數書〉中的土地面積計算》（《湖南大學學報（社會科學版）》2009 年第 2 期，第 11 頁）一文中，此處釋讀爲"方"，因原簡字跡殘損不宜釋定，故按出土文獻整理慣例改爲符號"□"。
② 郭書春匯校：《匯校九章算術》（增補版），瀋陽：遼寧教育出版社，2004 年，第 17 頁。
③ 郭書春匯校：《匯校九章算術》（增補版），瀋陽：遼寧教育出版社，2004 年，第 18 頁。

相同的，不過《九章算術》的"圓田"算題有多餘的題設條件，實際上祇需要知道周長，就可求出圓面積。

（4）其他值得注意的算題：

有"宇方"算題一例，其實質雖然仍是關於矩形的計算，但演算法明顯是"啓從（縱）術"的運用。算題題設條件描述的内容也很特别，不見於張家山漢簡《算數書》和《九章算術》。此題簡文如下：

【0884】宇方百步，三人居之，巷廣五步，問宇幾可（何）。其述（術）曰：除巷五步，餘九十五步，以三人乘之，以爲法；以百乘九十

【0825】五步者，令如法一步，即陲宇之從（縱）也。

依據算題術文寫出解答算式爲：

$$每人居間長 = \frac{寬的分母1×面積的分子（95×100）}{寬的分子（100-5）×面積的分母3} = \frac{95×100}{(100-5)×3} = 33\frac{1}{3}（步）$$

從算式可以很明白地看出此題是運用"啓從（縱）術"解答的，簡單地説，就是分數除法中的"顛倒相乘"法。當然，本題也可用邊長百步除以三，即得答案。

還有"里田"算題一例，也很重要。

【0947】里田述（術）曰：里乘里 = （里，里）也，因而三之，有（又）三五之，爲田三頃七十五畝。

簡文所記的是把邊長以里爲單位的土地面積換算爲頃畝的方法：把一平方里乘以三，再連乘三次五，得出三頃七十五畝，相對《九章算術》之"方田"章記録的演算法要簡單一點。張家山漢簡《算數書》中也有"里田"一節，其内容包含了嶽麓書院秦簡《數》中的"里田術"，并擴展出另一種計算方法。

（二）"粟米"類算題

（1）記録各種穀物體積重量換算關係的算題。例如：

【0780】黍粟廿三斗六升重一石·水十五斗重一石，糯米廿斗

重一石，麥廿一斗二升重一石。

在張家山漢簡《算數書》和睡虎地秦簡中，也見到這類記錄，是按體積測算穀物重的標準。彭浩先生在《張家山漢簡〈算數書〉注釋》裏對此有過論述："……估計秦代的糧倉管理者普遍采用體積測算法來確定庫存。"[①]

（2）記錄各種穀物之間換算關係的算題。例如：

【0791】秫千石爲稻八百卅三石三斗少半斗，稻千石爲秫千二百石。

【0974】以粟求毀（毇），五十母廿四實；以毀（毇）求粟，廿四母五十實。粟一升爲米五分升三；米一升爲粟一升大半升。

【0987】米一升爲毀（毇）十分升八；米一升爲菽荅麥一升半升。以粟求粺卅七之五十而成一；以粺求粟五十之卅七而成一。

張家山漢簡《算數書》的"粺毀（毇）""粟爲米""粟求米""米求粟""程禾"算題中記載有此類糧食比率，對應數據基本是相同的。

《九章算術》之"粟米"章所列各種糧食比率與《數》相應記載基本相同。

《睡虎地秦墓竹簡·倉律》中有關糧食互換比率的規定[②]與《數》相應記載基本相同。

（3）應用題。例如：

【2173】粟一石爲米八斗二升，問米一石爲粟幾（可）何？

曰：廿斗

（三）"衰分"類算題

衰分，即配分比例，就是按一定比率進行分配。《數》歸入此類的算題，其演算法與張家山漢簡《算數書》的相關算題以及《九章算術》之

---

① 彭浩：《張家山漢簡〈算數書〉注釋》，北京：科學出版社，2001年，第8頁。

② 睡虎地秦墓竹簡整理小組編：《睡虎地秦墓竹簡·釋文》，北京：文物出版社，1990年，第29—30頁。

"衰分"章算題的演算法都是相同的。

（1）有的算題在張家山漢簡《算數書》和《九章算術》中皆有對應，例如：

【0937】錢，今貸人十七錢，七日而歸之，問取息幾可（何）？曰：得息三百七十五分錢百一十九。其方卅日乘

【0759】以爲法，亦以十七錢乘七日爲實＝（實，實）如法而一。

（注：經計算，此題已知條件應包括"貸百錢，月息八錢"，或同等數據。）

對比張家山漢簡《算數書》的"息錢"算題："貸錢百，息月三。今貸六十錢，月未盈十六日歸，計息幾何？得曰：廿（二十）五分錢廿（二十）四。術（術）曰：計百錢一月，積錢數以爲法，直（置）貸錢以一月百錢息乘之，有（又）以日數乘之爲實＝，（實）如得一錢。"①

再比照《九章算術》之"衰分"章第二十題："今有貸人千錢，月息三十，今有貸人七百五十錢，九日歸之，問：息幾何？答曰：六錢四分錢之三。術曰：以月三十乘千錢爲法。以息三十乘今所貸錢數，又以九日乘之，爲實。實如法得一錢。"②

不難看出，三者爲同一題型。

（2）有的算題內容在張家山漢簡《算數書》中沒出現，却見於《九章算術》。例如：

【0978】夫＝（大夫）、不更、走馬、上造、公士，共除米一石，今以爵衰分之，各得幾可（何）？夫＝（大夫）三斗十五分斗五，不更二斗十五分斗十，走

【0950】馬二斗，上造一斗十五分五，公士大半斗。述（術）曰：各直（置）爵數而并以爲法，以所分斗數各乘其爵數爲實＝（實，實）如參照《九章算術》的"衰分"章第一題："今有大夫、不更、簪裊、

---

① 彭浩：《張家山漢簡〈算數書〉注釋》，北京：科學出版社，2001年，第67—68頁。
② 郭書春匯校：《匯校九章算術》（增補版），瀋陽：遼寧教育出版社，2004年，第115頁。

上造、公士，凡五人，共獵得五鹿。欲以爵次分之。問：各得幾何？”①

（3）有的算題衹見於張家山漢簡《算數書》而《九章算術》裏沒有。

特別有意思的是一道“婦織”題，《數》婦織算題簡文如下：

【J9】有婦三人，長者一日織五十尺乚，中者二日織五十尺，
少者

【J11】三日織五十尺，今歲有攻（功）五十尺，問各受

【0827】幾可（何）？曰：長者受廿七尺十一分尺三乚，中者受
十三尺十一分尺七乚，少者受九尺十一分尺一。述（術）曰：各直（置）
一日所織

張家山漢簡《算數書》中題名爲“婦織”的算題則是：“有婦三人，
長者一日織五十尺，中者二日織五十尺，少者三日織五十尺。今織有攻
（功）五十尺，問各受幾何尺。其得【54】曰：長者受廿（二十）五尺，
中者受十六尺有（又）十八分尺之十二⁺，少者受八尺有（又）十八分尺
之六。其术（術）曰：直（置）一、直（置）二、直（置）三，而各幾
【55】以爲法，有（又）十而五之以爲實，如法而一尺。不盈尺者，以
法命分。·三爲長者實，二爲中者，一爲少者。楊已讎【56】”②。

兩者比較，算題的題設條件完全是一樣的，但算得的結果卻不同。
經過計算，《數》算題的答案是正確的，其演算法術文雖然缺損（暫時未
發現可綴合的殘片），但仍能從“各直（置）一日所”幾個字推斷出原算
題的解答算式如下：

$$長者織布數 = \frac{長者日織數}{長者日織數 + 中者日織數 + 少者日織數} \times 今需織布數$$

中者、少者得布數依此類推。其實就是按織布速度的比率分配任務，
正確的速度比率應是長者 1、中者 $\frac{1}{2}$、少者 $\frac{1}{3}$，將比率數值代入算式，

---

① 郭書春匯校：《匯校九章算術》（增補版），瀋陽：遼寧教育出版社，2004 年，第
105 頁。
② 彭浩：《張家山漢簡〈算數書〉注釋》，北京：科學出版社，2001 年，第 64 頁。

長者得 $\dfrac{1}{1+\dfrac{1}{2}+\dfrac{1}{3}} \times 50 = 27\dfrac{3}{11}$（尺）；同理算出中者得 $13\dfrac{7}{11}$（尺）；少

者得 $9\dfrac{1}{11}$（尺）。張家山漢簡《算數書》之"婦織"算題的錯誤在於，它把三位織婦的速度比率誤取爲長者3、中者2、少者1，這要麼是通分錯誤，要麼是沒弄清織布速度與織布總量、織布時間的關係。

（4）還有的算題內容是張家山漢簡《算數書》和《九章算術》中都沒有的。例如：

【0820】卒百人，戟十弩五負三，問得各幾可（何）？得曰：戟五十五人十八分人十，弩廿七人十八分人十四，負十六人十八分人十二，其

（四）"少廣"類算題

歸於此章的《數》簡文主要是對"少廣術"的叙述，例如：

【0942】少廣。下有半以爲二，半爲一，同之三，以爲法，赤〈亦〉直（置）二百卅步，亦以一爲二，爲四百八十步，除，如法得一步，爲從（縱）百六十〔步〕。

這部分內容與張家山漢簡《算數書》的"少廣"算題相比，兩者大致相同，文字上略有差異。再與《九章算術》之"少廣"章的第一題至第九題的"術曰"部分對比，也是大致相同的。

另有幾個少廣術應用題，如：

【1833】田廣五分步四，啓從（縱）三百步，成田一畝，以少廣求之。

（五）"商功"類算題

"商功"章的算題是有關各種體積的計算的。《數》的這部分體積算題包括有：長方體、橫截面爲梯形的直棱柱體、正四棱臺、正圓臺、正四棱錐以及一種被稱爲"除"形體的體積計算。例如：

正四棱臺（方亭）體積算題。

【0959】方亭，下方四丈，上三丈，高三丈，爲積尺三萬七千尺。

正圓臺（圓亭）體積算題。

【0766】員（圓）亭上周五丈，下〔八〕丈，高二丈，爲積尺七千一百六十六尺大半尺。其术（術）曰：耤上周各自下之后而各自益（注：原簡文爲"下丈"，經計算知，應爲"下八丈"。）

張家山漢簡《算數書》的體積算題則包括這些形體：羨除（墓道）、鄆都（楔形）、芻童及方闕（上下底爲矩形的長方臺體）、旋粟及囷蓋（圓錐體）、圓亭（正圓臺）、井材（圓柱體）。

《數》的體積算題以及張家山漢簡《算數書》的體積算題在《九章算術》裏均有同類題型收錄。《數》記錄的"除"的體積算題是一種上廣、下廣、末廣相等的特例，并且，也不能從簡文叙述的演算法判斷當時已發明非特殊"除"形體的求解公式。而從張家山漢簡《算數書》的"羨除"算題解法却能看出，它運用了與《九章算術》中接近的方法。

（六）"均輸"類算題

"均輸"類算題主要是關於行程傭工及分派徭役等問題的，演算法涉及等差數列。可歸入"均輸"類的《數》算題例如：

【0819】【0828】有人□稟米五斗於倉＝（倉，倉）毋米而有糳＝（糳，糳）二粟一，今出糳幾可（何）？當五斗有（又）十三分斗十。倉中有米，不智（知）

（注：【0819】簡與【0828】簡拼合爲一簡。）

此題可對照《九章算術》之"均輸"章第六題："今有人當稟粟二斛。倉無粟，欲與米一、菽二，以當所稟粟。問：各幾何？"[①]

再例如：

【0943】凡三卿〈鄉〉，其一卿〈鄉〉卒千人，一卿〈鄉〉七百

---

① 郭書春匯校：《匯校九章算術》（增補版），瀋陽：遼寧教育出版社，2004年，第243頁。

人，一卿（鄉）五百人，今上歸千人，欲以人數衰之，問幾可（何）歸幾可（何）？曰：千者歸四〔百〕

【0856】五十四人有（又）二千二百分人千二百·七百者歸三百一十八人有（又）二千二百分人四百·五百歸二百廿七人有（又）二千二百分人六百

雖然在張家山漢簡《算數書》和《九章算術》中都找不到與之内容相似的算題，但此題是求解按人數多少攤派兵役的問題，可以視爲"均輸"類算題。

（七）"贏不足"類算題

"贏不足"即"盈不足"，是盈虧類算題。《數》中歸入此類的較完整算題如：

【0413】贏不足。三人共以五錢市，今欲賞（償）之，問人之出幾可（何）錢？得曰：人出一錢三分錢二。其述（術）曰：以贏不足互乘母

這道算題如若依照"盈不足"算題的標準叙述模式應寫成："今有三人共以五錢市，人出二，盈一；人出一，不足二。問人之出幾可（何）錢"，而題中的"三人""五錢"本應是"盈不足"一類的算題該求解的問題。

再看另一例題：

【0790】贏不足，其下以爲子＝（子，子）互乘母，并以爲實，而并贏不足以爲法，如法一斗半。

將此題比照《九章算術》之"盈不足"章第四題的術文"盈不足術曰：置所出率，盈、不足各居其下。令維乘所出率，并以爲實。并盈、不足爲法。實如法而一"[①]，可以斷定兩者叙述的是同一解題方法。現在依照這種方法解【0413】簡的算題。所出率：2，1。盈不足：1，2。用

---

① 郭書春匯校：《匯校九章算術》（增補版），瀋陽：遼寧教育出版社，2004年，第308—309頁。

所出率互乘盈不足：$2 \times 2 = 4$，$1 \times 1 = 1$。并以爲實：4+1=5。并盈不足爲法：1+2=3。實如法而一：每人應出錢數=$5 \div 3 = \dfrac{5}{3}$。可以看出，上述解答與【0413】簡文中記録的"得曰：人出一錢三分錢二。其術曰：以贏不足互乘母"是符合的。

在張家山漢簡《算數書》中，盈不足術出現於"分錢""米出錢""方田"三個題名的算題裏，并且也是寫爲"贏不足"。

（八）"勾股"類算題

在《數》中有"勾股"算題一例，簡文如下：

【0304】〔今〕有圜（圓）材薶（埋）地，不智（知）小大，斷之，入材一寸而得平一尺，問材周大幾可（何）。即曰，半平得五寸，令相乘也，以深

【0457】一寸爲法，如法得一寸，有（又）以深益之，即材徑也。

比照《九章算術》之"勾股"章的第九題：

今有圓材埋在壁中，不知大小。以鋸鋸之，深一寸，鋸道長一尺。問：徑幾何？答曰：材徑二尺六寸。術曰：半鋸道自乘，如深寸而一，以深寸增之，即材徑。[①]

顯然，兩者實爲同一題。

（九）"乘分"類算題

《數》中的這類簡例如：

【0778】三分乘四分ㄴ，三四十＝二＝（十二，十二）分一也；三分乘三分，三＝（三三）而九＝（九，九）分一也；少半乘十，三有（又）少半也；五分乘六分，五六卅＝（卅，卅）分之一也。

張家山漢簡《算數書》中與此對應的内容出現在"相乘"裏：

---

① 郭書春匯校：《匯校九章算術》（增補版），瀋陽：遼寧教育出版社，2004年，第412—413頁。

乘三分，十二分一也」；乘四分，十六分一也」。五分而乘一，

五分一也」；乘半，十分一也；乘三分，十五分一也」；乘四分，廿

（二十）分一也」；乘五分，廿（二十）五分一也。①

與張家山漢簡相比，《數》的表述中多出了乘法口訣的内容。

嶽麓書院陳松長先生對此的看法是："兩相比較可以看出，秦簡中的乘分術還比較注意乘法口訣的抄録，這也使我們聯想到里耶秦簡中的乘法口訣木牘，這也許多少説明，秦代對乘法口訣的推廣和應用是比較重視的，或許到了漢初，這乘法口訣已是耳熟能詳的東西了，所以在張家山漢簡中，就可以略而不抄了。"②

或者也有這樣的縁由：如前文所述，因爲《數》是一本教科書，所以寫出乘法口訣方便初學者，就像現如今我們教小學生算術時也常常這樣做。

（十）"禾程"類算題

《數》中的這類算題例如：

【0388】取禾程三步一斗，今得粟四升半升，問幾可（何）步一斗？得曰：十一步九分步一而一斗。爲之述（術）曰：直（置）所得四升

【0537】取程八步一斗，今乾之九升。述（術）曰：十田八步者以爲實，以九升爲法，如法一步，不盈步以法命之。

（十一）"禾田"類算題

《數》中的這類算題例如：

【0900】輿田租禾述（術）曰：大禾五之，中禾六之。細七之，以高乘之爲實，直（置）十五，以一束步數乘之爲法，實如法得

【0475】禾輿田九步少半步，細禾高丈一尺，三步少半步一束，

---

① 彭浩：《張家山漢簡〈算數書〉注釋》，北京：科學出版社，2001年，第38頁。

② 陳松長：《嶽麓書院所藏秦簡綜述》，《文物》2009年第3期，第85頁。

租十四兩八朱（銖）廿五分朱（銖）廿四。

"禾程"類算題與"枲田"類算題與張家山漢簡《算數書》的"取程""取枲程"算題相似。

（十二）"誤券"類算題

《數》中的這類算題例如：

【0939】租誤券。田多若少，耤令田十畝，税田二百卅步，三步一斗，租八石。·今誤券多五斗，欲益田，其述（術）曰：以八石五斗爲八百

張家山漢簡《算數書》的"誤券""租吴（誤）券"算題與此題同類。

在這裏要提到一點，就是編號爲【0956】的簡。因爲它的背面寫有一個"數"字，所以書名定爲《數》，而【0956】正面簡文是"爲實，以所得禾斤數爲法，如法一步"。雖然目前尚不能確定哪支簡爲【0956】簡的前段文字，但我認爲可以從"以所得禾斤數爲法"一句判斷此簡可能爲"誤券"類算題簡文。若真如此，"誤券"類算題應出現在《數》首章或末章，從内容推測，"禾程"類算題與"枲田"類算題也可能與"誤券"類算題編在一起，它們都是關於農作物産量租税一類的算題。

（十三）其他算題

例如：

【0883】營軍之述（術）曰：先得大卒數而除兩，和各千二百人而半棄之，有（又）令十而一乚，三步直（置）載，即三之，四直（置）載，

【1836】即四之，五步直（置）載，即五之，令卒萬人，問延幾可（何）里？其得

此算題不見於張家山漢簡《算數書》和《九章算術》。

四、結論與評價

小結前文，我們在對嶽麓書院藏秦簡《數》進行了初步的整理研讀後，主要得出如下幾點看法：

（一）《數》中保存有很多古演算法的最早例證

我們在《數》算題中見到了很多重要古演算法的記録或運用，諸如啓縱術、里田術、盈不足術、勾股（或是旁要術）等等。毋庸置疑，演算法的發明成熟以至廣泛應用是需要一個時期的，由於嶽麓書院藏秦簡所屬年代的下限被初步確認爲秦始皇三十五年（前212年），那就可以推斷，《數》中保存的這些古演算法可能産生於周秦之際甚至更早。

《數》記載的古演算法很值得注意，例如“啓縱術”，彭浩先生在《張家山漢簡〈算數書〉注釋》一書中有過考證：“……歷來認爲這種算法是劉徽在《九章算術注》‘經分’中提出的……”[①]，《數》中的“宇方”算題證明了“啓縱術”在周秦之際已被運用。再如，從《數》的“勾股”算題可以看出，中國數學史上發現畢氏定理的一般定義的時間可能不晚於周秦之際，或者也有可能是當時人們已掌握了相似三角形相應綫段成比例的原理（疑爲“旁要”術）。

基於這些例證，我們對周秦之際的數學發展水準會有最新的認識，中國數學史的相關部分也將改寫。

（二）《數》與張家山漢簡《算數書》及《九章算術》有着緊密的聯繫

《九章算術》的寫成大約在公元50—100年[②]，張家山漢簡《算數書》

① 彭浩：《張家山漢簡〈算數書〉注釋》，北京：科學出版社，2001年，第115頁。
② 錢寶琮主編：《中國數學史》，北京：科學出版社，1964年，第33頁。

成書年代的下限是西漢吕后二年（前186年）①，《數》的成書年代可能比張家山漢簡《算數書》要早些。前文已列舉大量例證，《數》的很多算題可與張家山漢簡《算數書》及《九章算術》的算題對應，有的實爲同一題，這説明，三部數學著作之間有着緊密的聯繫。

《數》算題在《九章算術》裏再現時，其題設模式、叙述語言更爲清晰準確。例如：《數》算題"周田卅步，爲田七十五步"，在《九章算術》裏對應的是"今有圓田，周三十步，徑十步。問：爲田幾何。答曰：七十五步"②。對比發現，《九章算術》中改"周田卅步"爲"圓田，周三十步"，更清楚地表述了田地平面形狀是圓形、此圓形周長是三十步的語意，明確區分了"圓"爲圓形、"周"爲"周長"的概念；再者，《九章算術》的"圓田"算題明顯分成已知條件、求解問題、答案三部分，是成型的算題叙述語言，這也是《九章算術》裏算題的共同特點，而《數》算題的叙述語言并無固化模式。此類例子還有很多，這説明從《數》到《九章算術》的發展與完善。

（三）《數》可能是秦代的算數教材

前文提到過，初步整理後的《數》算題有些呈現"組群"特徵，同類算題的條件數據有易有難，還見到有算題寫出方便教導初學者的乘法口訣，這些都是教學用書的特點。目前，我們尚未在《數》的完整算題中發現有術法計算等方面的確實錯誤，偶有文字脱誤，也能看出是當時書寫者的筆誤。可見，《數》是一本嚴謹的數學著作，很可能經過仔細編纂校訂，這也是作爲教材必須具備的。

《數》是現存中國數學史上最早的文獻資料，反映了周秦之際的數學發展水準，對數學史研究有重要意義。

---

① 彭浩：《張家山漢簡〈算數書〉注釋》，北京：科學出版社，2001年，第4頁。
② 郭書春匯校：《匯校九章算術》（增補版），瀋陽：遼寧教育出版社，2004年，第18頁。

周秦之際的幾何學成就

朱漢民，蕭　燦

　　我們初步判斷嶽麓書院藏秦簡《數》的成書年代下限爲秦始皇三十五年（前212年），這是依據嶽麓書院秦簡中與《數》并存的曆譜所記推測的。然而，《數》有可能是當時的傳抄本或是通過繼承等途徑得來，也可能隨時代之變有增减修正，且《數》中的算題演算法在編書時可能早已存在，因此，《數》的成書年代，或者其中某些算題演算法的形成年代，很可能比嶽麓書院藏秦簡中的其他簡書要早。在對《數》的内容作了初步的整理分析後，我們推斷，《數》反映的大致是我國周秦之際的數學發展水準，其中某些算題演算法或可能追溯到更早的時期。

　　觀察《數》算題的内容，不難發現這些算題的設計都着重於實用的算術和計量，本文將要討論的，是其中一些很值得注意的幾何學問題。

　　與彭浩先生對張家山漢簡《算數書》的分析相似，我們發現嶽麓書院秦簡《數》的許多算題也是和秦國縣鄉里的政府部門職責密切相關的。就幾何學而言，大部分問題是從計算土地面積、測量穀物體積、計算工程土方量等必需的測量公式中産生的。例如，《數》包含的矩形面積及邊長演算法、等腰梯形面積演算法、圓面積演算法等平面幾何問題多見於計算土地面積的算題中。從睡虎地秦墓竹簡保存的秦律可以瞭解到，秦政府徵收居民租税的依據是"以其受田之數（田律九）"①，相關部門的官吏爲了計算租税、分配土地，必須學會測量土地面積的方法，而《數》很可能是這些官吏屬員們學習時使用的教材。再以幾個《數》包含的立體幾何問題爲例：《數》中的長方體截面爲梯形的直棱柱體的體積計算方法是出現在求解城牆土方量的應用題裏，其演算法名稱就是"扱城之述（術）（簡【0767】）"而不是"長方體體積""棱柱體積"之類幾何學名詞，并且在一枚簡末寫着"唯筑城止與此等（簡【1747】）"的説明。此外還有計算墓道土方量的"扱除之述（術）"算題，或許是建築物常用形體的方亭、圓亭體積算題等等。這些算題針對的都是修建城邑、房屋、陵墓等工程中會遇到的問題。在睡虎地秦墓竹簡《徭律》裏我們見到，秦的縣級政府要負責轄境内禁苑、垣籬、官府、公舍等的修繕②，專門的官吏和技術人員就必須懂得如何計算工程量，并據此征發分派徭役。正是與社會生活的密切聯繫，促進了我國古代幾何學的發展，也强化了它的實用科學特徵。

下面我們具體分析《數》裏的部分幾何算題，從中或可看出我國周秦之際的幾何學發展水準。

一、圓面積的求解方法

《數》中與土地面積邊長計算有關的算題裏所用的畝制與秦國商鞅改革（前 356 年）制定的二百四十步一畝的制度相符合，因而這部分算題編定的時間應在商鞅變法之後，但演算法還是可能早已有之。《數》中共收錄了三種平面形狀的土地面積算題，其中記載的圓面積求解方法尤

---

① 睡虎地秦墓竹簡整理小組編：《睡虎地秦墓竹簡·釋文》，北京：文物出版社，1990年，第21頁。

② 睡虎地秦墓竹簡整理小組編：《睡虎地秦墓竹簡·釋文》，北京：文物出版社，1990年，第47頁。

爲重要，簡文如下：

> 周田述（術）曰：周乘周，十二成一；其一述（術）曰，半周乘半徑，田即定；徑乘周，四成一；半徑乘周，二成一。（簡【J7】）

術釋：

（1）圓田面積＝周長×周長÷12

（2）圓田面積＝半周×半徑

（3）圓田面積＝直徑×周長÷4

（4）圓田面積＝半徑×周長÷2

四種"術"其實都是圓面積計算公式的變形，逐一列出，可能是方便在不同已知條件的情況下直接套用，使計算更迅捷。從術文觀察，《數》所記的圓面積計算公式符合"周三徑一"的原則，即取 π=3，對於公式來由我們有兩種推測：

其一，周秦之際人們計算圓面積時，有可能是將圓面積近似視爲兩個等腰梯形的面積之和。如圖 2-1 所示，設圓 O 面積爲所求，半徑爲 r，作圓內接正六邊形 AEFBCD，作等腰梯形 ABGH，令 GH∥CD，GH 外切於圓，GH＝CD＝r，同法作等腰梯形 ABJI。若將圓 O 的面積視爲梯形 ABGH 的面積加上梯形 ABJI 的面積，即：

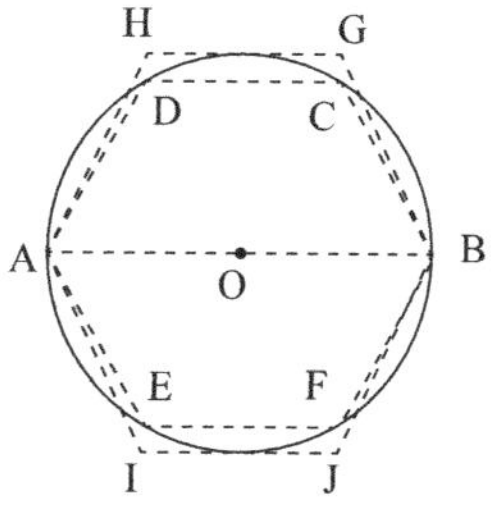

圖 2-1

$$S_{圓O} \approx S_{梯形ABGH} + S_{梯形ABJI} = \frac{(r+2r) \times r}{2} \times 2 = 3r^2,$$

得出的數值就是圓周率取 3 時的圓面積計算結果。之所以這麼推測，是因爲在《數》中恰好有求解等腰梯形面積的算題[①]。而圓周率取 3 時算得的圓周長實際是圓內接正六邊形 AEFBCD 的周長，如此一來，稍加推導就能順利得到《數》"周田述（術）"所述的幾種圓面積計算式。

---

① 此算題見於簡【0936】："箕田曰：并舌橦（踵）步數而半之，以爲廣，道舌中丈徹橦（踵）中，以爲從（縱），相乘即成積步。"張家山漢簡《算數書》中無相近算題。

其二，憑眼看很容易覺得圓的面積接近其内接正方形和外切正方形的面積之中值，如圖 2-2 所示：

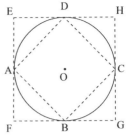

$$S_{EFGH} = (2r)^2 = 4r^2，\quad S_{ABCD} = (\sqrt{2r^2})^2 = 2r^2，$$

$$S_{圓O} \approx \frac{1}{2}(S_{EFGH} + S_{ABCD}) = 3r^2，$$

這種近似演算法也等價於取 π＝3。《數》中雖然没發現關於圓的内接正方形和外切正方形的算題，但是在張家山漢簡《算數書》中却能找到實

圖 2-2

例，如"以睘（圓）材（裁）方""以方材（裁）睘（圓）"①兩道算題。因此，將圓的面積視爲其内接正方形和外切正方形的面積之和的一半，也可能是周秦之際圓面積的計算式的來由。這種推測有一隱含條件，就是當時人們已掌握了畢氏定理的一般定義，而我們恰好又在《數》找到了有利證據，即簡【0304】【0457】所記算題，後文有詳述。

在張家山漢簡《算數書》裏，圓面積計算式没有如同嶽麓書院秦簡《數》"周田述（術）"這樣的集中列舉，衹是散布於算題的術文部分。而我們在《九章算術》裏則見到與《數》"周田述（術）"十分相似的叙述："術曰：半周半徑相乘得積步；又術曰：周、徑相乘，四而一；又術曰：徑自相乘，三之，四而一；又術曰：周自相乘，十二而一。"②并且，《數》裏的一道圓面積計算應用題與《九章算術》"方田"章第三十一題實爲同一題③。

① 彭浩：《張家山漢簡〈算數書〉注釋》，北京：科學出版社，2001 年，第 110—111 頁。

② 郭書春匯校：《匯校九章算術》（增補版），瀋陽：遼寧教育出版社，2004 年，第 18—23 頁。

③《數》"周田"算題是："周田卅步爲田七十五步（簡【0812】）"；《九章算術》"方田"章第三十一題是："今有圓田，周三十步，徑十步。問：爲田幾何？答曰：七十五步"。

二、"金字塔"的體積公式

棱錐與埃及金字塔在英語中都是 pyramid，數學史學界認爲是古埃及人最早掌握了棱錐與棱臺的體積計算公式，因爲在古埃及數學原件"莫斯科紙草書"（前 1850 年）中有使用正確公式計算方棱錐平頭截體（即正四棱臺）體積的例子，而"在古代東方數學中没有發現關於這個公式的其他確定無疑的例證"[①]。

當然，中國的《九章算術》裏已有正四棱臺和正四棱錐的算題和演算法，可是《九章算術》的編訂年代約爲東漢初年，大約在公元 50—100年[②]，這就比古埃及人的紙草書晚了很多。直到張家山漢簡出土後，在其中的《算數書》裏見到了圓錐和圓臺的體積算題，我們推測張家山漢簡《算數書》或許原來也是記録了棱錐和棱臺的體積算題的，有可能是這部分竹簡殘失了。張家山漢簡《算數書》成書年代的下限是西漢吕后二年（前 186 年），某些算題出現時間或可追溯至戰國時期[③]，這也就是説中國人掌握棱錐與棱臺的體積計算公式的時間可能比《九章算術》的編訂年代早很多。而現在我們研究的嶽麓書院秦簡《數》裏記載了多例計算正四棱錐、正四棱臺體積的完整算題，這些確定無疑的例證説明中國人在周秦之際已經熟知棱錐與棱臺的體積計算公式。下面試舉幾例。

嶽麓書院秦簡《數》中專門叙述正四棱臺體積計算公式的術文如：

> 方亭乘之，上自乘，下自乘，下壹乘上，同之，以高乘之，令三而成一。（簡【0830】）

"方亭"即正四棱臺，設上底邊爲 a，下底邊爲 b，高爲 h，依照術

---

① ［美］H. 伊夫斯：《數學史概論》，歐陽絳譯，太原：山西人民出版社，1986 年，第 45 頁。

② 錢寶琮主編：《中國數學史》，北京：科學出版社，1964 年，第 33 頁。

③ 彭浩：《張家山漢簡〈算數書〉注釋》，北京：科學出版社，2001 年，第 4—6 頁。

文寫出公式:

$$V_{方亭} = (a^2 + b^2 + a \cdot b) \times h \times \frac{1}{3}$$

正四棱臺體積算題,如:

　　亭下方三丈,上方三〈二〉丈,高三丈,爲積尺萬九千尺。(簡【0777】)

　　方亭,下方四丈,上三丈,高三丈,爲積尺三萬七千尺。(簡【0959】)

取秦尺 23.1 釐米爲一尺,依照兩道算題的數據建立模型如圖 2-3 所示,圖中配景人物高度爲 175 釐米。根據形狀體量推測,這樣的方臺有可能是穀倉、門闕、烽火臺、高臺建築的台基部分或其他。

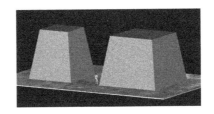

圖 2-3　方亭算題的體積模型

我們不妨再看一下古埃及"莫斯科紙草書"裏第 14 個問題,也就是計算正四棱臺體積的例題:"如果告訴你,一個截頂金字塔垂直高度爲 6、底邊爲 4、頂邊爲 2。4 的平方得 16,4 的二倍爲 8,2 的平方是 4;把 16、8 和 4 加起來,得 28;取 6 的三分之一,得 2;取 28 的二倍爲 56。看,它是 56。你算對了。"①這段表述與我們的嶽麓書院秦簡《數》的"方亭"演算法的叙述或有相似處。

嶽麓書院秦簡《數》裏與正四棱臺體積計算有關聯的還有:

正四棱錐體積計算公式:

　　等佳(錐)者,兩廣相乘也,高乘之,三成一尺。(簡【0997】)

____

① [美] H. 伊夫斯:《數學史概論》,歐陽絳譯,太原:山西人民出版社,1986 年,第 55 頁。

圓臺體積計算公式：

乘圍（圓）亭之述（術）曰：下周楮之，上周楮之（簡【0768】）

各自乘也，以上周壹乘下周，以高乘之，卅六而成一。（簡【0808】）

圓臺體積算題：

員（圓）亭上周五丈，下〔八〕丈，高二丈，爲積尺七千一百六十六尺大半尺。其术（術）曰：楮上周各自下之后而各自益（簡【0766】)

若是取圓周率爲 3，以上圓臺體積計算公式和應用算題就都是正確的。當然，正如前面寫的第一節"圓面積的求解方法"中提出的，周秦之際未必有圓周率的概念，而嶽麓書院秦簡《數》圓臺體積計算公式和應用算題可能來自特殊的近似求解法。

三、墓 道 問 題

嶽麓書院秦簡《數》裏有一道關於"除"的算題：

扱除之述（術）曰：半其袤以廣高乘之，即成尺數也。（簡【0977】)

在張家山漢簡《算數書》裏的相似算題是：

除：美〈羨〉除，其定（頂）方丈，高丈二尺，其除廣丈、袤三丈九尺，其一旁毋高，積三千三百六十尺。术（術）曰：廣積卅（三十）尺除高，以其（141）

廣、袤乘之即定。（142）[1]

《九章算術》的"商功"章的第十七題也是計算"羨除"體積的：

今有羨除，下廣六尺，上廣一丈，深三尺，末廣八尺，無深；袤七尺。問：積幾何？答曰：八十四尺。術曰：并三廣，以深乘之，

---

① 彭浩：《張家山漢簡〈算數書〉注釋》，北京：科學出版社，2001 年，第 101 頁。

又以袤乘之，六而一。①

　　"除"，即道。羨除，墓道。《史記·秦始皇本紀》："已臧，閉中羨，下外羨門。"正義："音延，下同。謂冢中神道。"②劉徽注爲："此術羨除，實（遂）〔隧〕道也。其所穿地，上平下邪，似兩鼈腝夾一壍堵，即羨除之形。"③（注：鼈腝，四面都是直角三角形的三棱錐；壍堵，兩底面爲直角三角形的直棱柱。）也就是説，"羨除"指的是三面爲等腰梯形、另兩面爲直角三角形的五面體形的隧道。④繪製示意圖，如圖2-4（甲），這就是《九章算術》裏叙述的"羨除"形態。但是在張家山漢簡《算數書》裏描述的"羨除"却是一個上廣、下廣、末廣都相等的特例，如圖2-4（乙）所示。再觀察嶽麓書院秦簡《數》的除體積算題，我們祇見到對演算法的記述而没有發現題設條件，并且目前也没在《數》裏發現其他"除"體積應用算題。在這種情況下，就祇能從演算法術文判斷《數》所記載的"除"的確切形體，到底是和《九章算術》裏寫的一樣還是和張家山漢簡《算數書》裏的特例相同了。

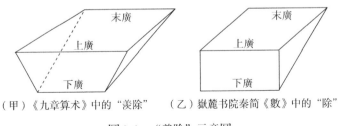

（甲）《九章算术》中的"羨除"　　　（乙）嶽麓书院秦简《數》中的"除"

圖2-4　　"羨除"示意圖

　　《九章算術》裏的"羨除"體積計算公式是：

① 郭書春匯校：《匯校九章算術》（增補版），瀋陽：遼寧教育出版社，2004年，第184頁。

② 《史記》卷6《秦始皇本紀》，北京：中華書局，1959年，第1冊，第265—266頁。

③ 郭書春匯校：《匯校九章算術》（增補版），瀋陽：遼寧教育出版社，2004年，第184頁。

④ 蕭作政：《九章算術今解》，瀋陽：遼寧人民出版社，1990年，第108—109頁。

$$V_{羨除}=（上廣+下廣+末廣）\times 深 \times 袤 \times \frac{1}{6}$$

張家山漢簡《算數書》裏的"羨除"算題雖爲特例，但其計算方法看似與《九章算術》的"羨除"算題的計算方法相同。我們或可認爲"廣積卅尺"指的是并三廣（上廣+下廣+末廣），爲三十，"廣袤乘之"，也像是與《九章算術》裏的"羨除"體積計算公式相符，但由於簡文有殘損，終不能斷定。

不同的是嶽麓書院秦簡《數》裏的"除"體積演算法，寫成算式爲：

$$V_{除}=\frac{1}{2} \times 袤 \times 廣 \times 高$$

這顯然是算得了一個底面爲矩形的棱柱體積的一半，由此可知，《數》裏的"除"也是個上廣、下廣、末廣相等的"羨除"特例，其演算法僅適用於這種特殊情況；而在張家山漢簡《算數書》裏出現的"羨除"雖然仍是三廣相等的特例，但可能已經運用了求解一般"羨除"體積的計算方法；到了《九章算術》裏面，"羨除"就是指的三面爲等腰梯形、另兩面爲直角三角形的五面體了，其體積計算公式也是正確的，這點魏晉劉徽注《九章算術》時已作證明[①]。

四、勾股術或旁要術的例證

通常人們以古希臘人畢達哥拉斯（Pythagoras, 586B.C.?—500B.C.?）的名字命名直角三角形定理（一個直角三角形斜邊的平方，等於其兩個直角邊的平方和）——畢達哥拉斯定理（The Pythagorean Proposition），這是因爲傳統上認爲對這一定理的第一個證明是畢達哥拉斯給出的。而在中國古代數學裏，直角三角形定理被稱爲勾股術，《九章算術》的第九

---

① 郭書春匯校：《匯校九章算術》（增補版），瀋陽：遼寧教育出版社，2004年，第184—185頁。

章即爲勾股章，《周髀算經》裏也有"勾三股四弦五"的記載，關於中國人掌握勾股術的時間，錢寶琮先生曾在他主編的《中國數學史》裏論斷："重差、勾股二術起源於西漢時期主張蓋天説的天文學派，但沒有被編入於算術之内，或已編入而沒有給予應有的重視。東漢初，數學家把勾股代替旁要，作爲《九章算術》的第九章。"[①]之前的張家山漢簡《算數書》裏也沒發現典型的勾股算題，這一情况似乎與錢先生的説法吻合，但是現在的嶽麓書院秦簡《數》裏的一例算題却讓我們對勾股術發明時間有了更多的聯想，這道算題是：

〔今〕有園（圓）材薶（埋）地，不智（知）小大，斷之，入材一寸而得平一尺，問材周大幾可（何）。即曰，半平得五寸，令相乘也，以深（簡【0304】）

一寸爲法，如法得一寸，有（又）以深益之，即材徑也。（簡【0457】）

我們發現，題設條件的數據構成的直角三角形邊長已非"345"或其倍數，倘若此題真是用的勾股術解答的，那就説明周秦之際人們已掌握了畢氏定理的一般定義，但簡文衹寫出了最後的計算式；并無推導過程，我們不能斷定它是依據何種思路解題的。此算題也可能是運用相似三角形相應綫段成比例的原理來解答的，而這一原理極可能就是古代算術中的旁要術。另外我們還注意到，嶽麓書院秦簡《數》這道算題與《九章算術》之"勾股"章的第九題[②]實爲同一題。

五、對幾何算題中出現的一種簡化演算法的思考

在嶽麓書院秦簡《數》的"里田"算題中，我們見到一種簡便的演

---

① 錢寶琮主編：《中國教學史》，北京：科學出版社，1964 年，第 31 頁。
② 郭書春匯校：《匯校九章算術》（增補版），瀋陽：遼寧教育出版社，2004 年，第 412—413 頁。"勾股"第九題："今有圓材埋在壁中，不知大小。以鐻鐻之，深一寸，鐻道長一尺。問：徑幾何？答曰：材徑二尺六寸。術曰：半鐻道自乘，如深寸而一，以深寸增之，即材徑。"

算法：

里田述（術）曰：里乘里＝（里，里）也，因而參（三）之，有（又）參（三）五之，爲田三頃七十五畝。（簡【0947】）

這是描述的化平方里爲頃畝的計算方法，即：

1 里×1 里=1 平方里=1×3×5×5×5=375 畝=3 頃 75 畝

《九章算術》之"方田"章記錄的演算法是：

"廣從步數相乘得積步，以畝法二百四十步除之，即畝數。百畝爲一頃"[1]，因秦制一里爲三百步，先把平方里化爲平方步，再換算爲頃畝，即 $\frac{1\times300\times300}{240}$=375（畝）=3 頃 75 畝。可以看出，嶽麓書院秦簡《數》之"里田術"的運算要簡單些，但這種簡化是依據的什麼原理呢？相似的疑問又見於一道"玉方"算題：

有玉方八寸，欲以爲方半寸弔，問得幾可（何）？曰：四千九十六。述（術）：置八寸，有（又）周置八寸，相乘爲六十四，有（又）復置六十四（簡【J25】）

（注：弔，讀爲棋。）

依據簡文寫出的計算式是：$8\times8=64$ ， $64\times64=4096$

而通常的演算法是：$\left(8\div\frac{1}{2}\right)^3=4096$

爲了找出兩式的關聯，我們把第二個算式稍作變形：

$$\left(8\div\frac{1}{2}\right)^3=(8\times2)\times(8\times2)\times(8\times2)=8\times8\times8\times8=64\times64=4096$$

經過觀察比較，我們覺得"玉方"算題的演算法思路可能是：化除法爲乘法，用分次平方運算代替立方運算，這說明當時人們不精通或不熟練進行除法和求立方的運算，又或是爲了提高一些常見問題的運算速

---

① 郭書春匯校：《匯校九章算術》（增補版），瀋陽：遼寧教育出版社，2004 年，第 9—10 頁。

度而刻意簡化。

這種設想也能解釋上面提到的"里田術",我們把《九章算術》所述演算法的算式先約分,再分解相乘:

$$\frac{1 \times 300 \times 300}{240} = \frac{1 \times 5 \times 300}{4} = 1 \times 5 \times 75 = 1 \times 3 \times 5 \times 5 \times 5 = 375（畝）$$

若真是這樣,嶽麓書院秦簡《數》記錄的"里田術"就不是什麼奇特的演算法或難以捉摸的原理了,它其實不過是通過約分化除爲乘,再分解相乘以避免較大數字的運算。

同理,在嶽麓書院秦簡《數》算題裏發現的"啓從(縱)術",即除法運算中的"顛倒相乘法",也是依循着"化除爲乘"這一思路的。

嶽麓書院藏秦簡《數》中的土地面積計算

蕭　燦，朱漢民

在嶽麓書院藏秦簡《數》裏，内容爲土地面積計算的簡約占七分之一，整理出的完整算題主要是關於矩形土地面積計算的，包含大廣術、啓從（縱）術、里田術、少廣術等計算方法。另有箕形、圓形土地面積的計算各一例。

一、求矩形田地面積的算題

（一）大廣術

有關矩形土地面積計算的題最多，先看一組簡文：

【0764】方廣三步四分步三，從（縱）五步三分步二，成田廿一步有（又）四分步之一。

【1742】田廣六步半步四分步三，從（縱）七步大半步五分步三，成田五十九步有（又）十五分步之十四。

【0954】田廣十六步大半＝（半半）步，從（縱）十五步少

半＝（半半）步，成田一畝卅一步有（又）卅六分步之廿九。

【0976】田廣十六步大半＝（半半）步，從（縱）十五步半步少半步，成田一畝卅一步卅六分步廿九。

【0829】〔田〕廣十五步大半＝（半半）步，從（縱）十六步少半＝（半半）〔步〕，成田卅二步卅六分步五，述（術）曰，同母，子相從，以分子相乘。

譯文：

［0764］長方形田地寬 $3\frac{3}{4}$ 步，長 $5\frac{2}{3}$ 步，田地的面積是 $21\frac{1}{4}$ 平方步。

［1742］長方形田地寬 $\left(6+\frac{1}{2}+\frac{3}{4}\right)$ 步，長 $\left(7+\frac{2}{3}+\frac{3}{5}\right)$ 步，田地的面積是 $59\frac{14}{15}$ 平方步。

［0954］長方形田地寬 $\left(16+\frac{2}{3}+\frac{1}{2}\right)$ 步，長 $\left(15+\frac{1}{3}+\frac{1}{2}\right)$ 步，田地的面積是 $\left(1亩+31\frac{29}{36}平方步\right)$。

［0976］長方形田地寬 $\left(16+\frac{2}{3}+\frac{1}{2}\right)$ 步，長 $\left(15+\frac{1}{2}+\frac{1}{3}\right)$ 步，田地的面積是 $\left(1亩+31\frac{29}{36}平方步\right)$。

［0829］長方形田地寬 $\left(15+\frac{2}{3}+\frac{1}{2}\right)$ 步，長 $\left(16+\frac{1}{3}+\frac{1}{2}\right)$ 步，田地的面積是 $\left(32\frac{5}{36}平方步\right)$，解答方法爲，（長寬各自的步數）分母通分，分子相加，（長與寬）分子相乘。

經過驗算，簡【0764】【1742】【0976】所記錄的題設條件與提供的答案相合。簡【0829】的答案應爲"成田一畝卅二步卅六分步五"，原簡文沒有"一畝"兩字，應當是簡文書寫時的疏漏。

這五道題都牽涉帶分數的運算，同樣題型亦見於《九章算術》的"方田"章以及張家山漢簡《算數書》之"大廣"。但是，記錄計算方法的"術"

袛在簡【0829】後段有簡單的叙述，而《九章算術》的"方田"章第二十四題裏寫的是"大廣田，術曰：分母各乘其全，分子從之，相乘爲實，分母相乘爲法，實如法而一"①；張家山漢簡《算數書》之"大廣"寫的是"大廣術曰，直（置）廣從（縱）而各以其分母乘其上全步，令分子從之，令相乘也爲實」，有（又）各令分母相乘爲法」。如法得一步。不盈步以法命之"②。三部算數書的表述雖有些不同，實質上都是説的帶分數的四則運算方法。

（二）啓從（縱）術

接着要討論的是嶽麓書院秦簡《數》中的一道"除田之術"算題和一道"宇方"算題，兩題從計算方法上可歸爲一類。

"除田之術"算題簡文是：

【1714】除田之述（術）曰：以從（縱）二百卌步者，除廣一步，得田一畝，除廣十步，得田十畝，除廣百步，得田一頃，除廣千步得田〔十頃〕。

算題説的是：

計算開墾田地面積的方法是：設定長爲兩百四十步，開田寬爲一步時，得到田地面積爲一畝；開田寬爲十步時，得到田地面積爲十畝；開田寬爲百步時，得到田地面積爲一頃；開田寬爲千步時，得到田地（面積爲十頃）。

"宇方"算題簡文是：

【0884】宇方百步，三人居之，巷廣五步，問宇幾可（何）。其述（術）曰：除巷五步，餘九十五步，以三人乘之，以爲法；以百乘九十

【0825】五步者，令如法一步，即陲宇之從（縱）也。

---

① （晋）劉徽注，（唐）李淳風注釋：《九章算術》卷 1，《景印文淵閣四庫全書》，臺北：商務印書館，1986 年，第 797 册，第 11 頁。
② 彭浩：《張家山漢簡〈算數書〉注釋》，北京：科學出版社，2001 年，第 124 頁。

譯成現代漢語是：

平面爲正方形的屋舍邊長是一百步，有三人（家）居住在裏面，（居間門外的）巷子寬五步，問（每一）屋舍居間多大？解答方法是：（從邊長一百步中）減去巷子的寬度五步，餘下九十五步，以人數"三"乘"九十五"，乘積爲"法"（除數或分母）；再以一百步乘九十五步（乘積爲被除數或分子），相除，得到的結果即爲宇的縱向長度。

（注："除"在簡【1714】裏應解釋爲"開"，在簡【0884】裏應解釋爲"去"[①]。）

"宇方"算題不見於張家山漢簡《算數書》和《九章算術》，但我認爲它運用的計算方法是張家山漢簡《算數書》記錄的"啓從（縱）術"。

張家山漢簡《算數書》的"啓廣""啓從（縱）"算題中，"啓"也是"開"的意思，其所謂"啓從（縱）術"，簡單來說就是：已知矩形面積和寬，用寬的分子乘以面積的分母作爲除數，用寬的分母乘以面積的分子作爲被除數，相除得長。

請看"宇方"算題及示意圖（圖 3-1），本來以邊長百步除以三，$100 \div 3 = 33\frac{1}{3}$（步），即可得出答案，但算題簡文"術曰"給出的解答算式却是 $\frac{95 \times 100}{(100-5) \times 3} = 33\frac{1}{3}$（步），這正是運用的"啓從（縱）術"，分析如下：

已知宇廣（寬）$\frac{100-5}{1}$（步），

每人居間矩形面積 $\frac{100 \times 95}{3}$（步），

求每人居間宇從（縱）。

依據"啓從（縱）術"列出算式，

每人居間的長 $= \dfrac{\text{寬的分母}1 \times \text{面積的分子}（95 \times 100）}{\text{寬的分子}（100-5） \times \text{面積的分母}3} = \dfrac{95 \times 100}{(100-5) \times 3}$

---

① 宗福邦、陳世鐃、蕭海波主編：《故訓匯纂》，北京：商務印書館，2003 年，第2422 頁。

$$=33\frac{1}{3}\text{（步）}$$

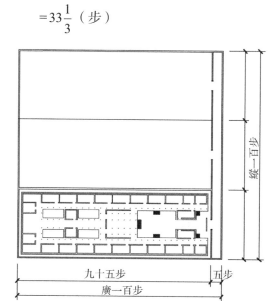

圖3-1 "宇方"算題示意圖

　　關於"啓廣""啓從（縱）"，彭浩先生在《張家山漢簡〈算數書〉注釋》一書中有過考證："《算數書》'啓從（縱）'所記分數除法的方法比原來使用的先通分、然後再用各個分數的分子相除的方法要便捷許多，與現代算術'顛倒相乘'的方法完全相同。歷來認爲這種算法是劉徽在《九章算術注》'經分'中提出的，實際上它的出現時間比原來的看法要早近四百年，也並非劉徽的發明。"①現在又可證明，在嶽麓書院秦簡《數》裏，已有運用"啓從（縱）術"計算方法的算題。

　　另外，我認爲，"宇方"算題還表現出秦代"里坊制"的迹象：方形平面的"宇"，三户住宅組成一個封閉的建築單元，對巷開門，這些都是"里坊制"的特徵。里坊制實質是一種編民制度，"里坊制確立期，相當於春秋至漢……'里'和'市'都環以高牆，設里門與市門，由吏卒和市令管理，全城實行宵禁。到漢代，列侯封邑達到萬户纔允許單獨向大

---

① 彭浩：《張家山漢簡〈算數書〉注釋》，北京：科學出版社，2001年，第115頁。

街開門，不受里門的約束"[1]，里坊的平面一般呈方形或矩形，"里中之道曰巷"[2]，如此種種，都與"宇方"算題所述符合。再有，"宇方百步"，面積不小，而算題中說的是"三人居之"，應是僅指稱住宅的主人，另有家人奴隸等附屬人口。

至於"除田之術"算題，應該也是用的類似"啓從（縱）術"的"啓廣術"，但由於簡文中見不到"術曰"的解題方法，就不便作爲例證了。

（三）里田術

下面要提及的是嶽麓書院秦簡《數》中的"里田術"算題。

【0947】里田述（術）曰：里乘里＝（里，里）也，因而參（三）之，有（又）參（三）五之，爲田三頃七十五畝。

簡文所記的是把邊長以里爲單位的土地面積換算爲頃畝的方法：把一平方里乘以三，再連乘三次五，得出三頃七十五畝，寫成算式爲，$1 \times 3 \times 5 \times 5 \times 5 = 375$（畝）＝3頃75畝。對比《九章算術》"方田"章記錄的換算方法："廣從步數相乘得積步，以畝法二百四十步除之，即畝數，百畝爲一頃"[3]，因秦制一里爲三百步，先把平方里化爲平方步，再換算爲頃畝，即 $\dfrac{1 \times 300 \times 300}{240} = 375$（畝）＝3頃75畝。可以看出，"里田術"的運算要簡單一點。

張家山漢簡《算數書》中也有"里田"一節，其内容包含了嶽麓書院秦簡《數》中的"里田術"，并擴展出另一種計算方法。

（四）少廣術

嶽麓書院秦簡《數》中有關"少廣"的内容與張家山漢簡中的《算數書》大致相同，文字上略有差異。如：

【0942】少廣。下有半以爲二，半爲一，同之三，以爲法，赤〈亦〉直（置）二百卅步，亦以一爲二，爲四百八十步，除，如法得一步，爲從（縱）百六十〔步〕。

張家山漢簡《算數書》記爲："少廣＝：（廣）一步、半步，以一爲二」，半爲一，同之三，以爲法。即直（置）二百卅（四十）步，亦以一爲二，除，如法得從（縱）一步」。爲從（縱）百六十步。"①

《九章算術》的表述不同一些："今有田廣一步半，求田一畝，問從幾何。答曰：一百六十步。術曰：下有半，是二分之一。以一爲二，半爲一，并之得三，爲法。置田二百四十步，亦以一爲二乘之，爲實。實如法得從步。"②

二、求箕形田地面積的算題

《數》中有計算"箕田"面積的算題一道，簡文是：

【0936】箕田曰：并舌墥（踵）步數而半之，以爲廣，道舌中丈徹墥（踵）中，以爲從（縱），相乘即成積步。

參照《九章算術》"方田"章的"箕田"面積算題，得知："箕田"就是形如簸箕的等腰梯形田地；"舌廣"是指等腰梯形的長底邊；"墥廣"是指等腰梯形的短底邊；道，這裏解釋爲"從""由"③；徹，"通

---

① 彭浩：《張家山漢簡〈算數書〉注釋》，北京：科學出版社，2001年，第116頁。

② （晋）劉徽注，（唐）李淳風注釋：《九章算術》卷4，《景印文淵閣四庫全書》，第797册，第38頁。

③ 宗福邦、陳世鐃、蕭海波主編：《故訓匯纂》，北京：商務印書館，2003年，第2301頁。

也"①。據此，《數》"箕田"算題譯文爲：計算箕形田地面積的方法是把長底邊步數與短底邊步數相加，除以二，以此爲寬；從長底邊中點量至短底邊中點，以之爲長，再將長寬相乘得出箕田面積的平方步數。繪製示意圖如圖3-2。

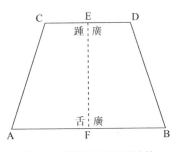

圖3-2　箕形土地面積計算

《九章算術》所記解題方法是"并踵舌而半之，以乘正從，畝法而一"②，寫爲算式，箕田面積$=\dfrac{（踵廣+舌廣）}{2}\times$正從（縱），這與《數》所記箕田面積計算方法是一樣的。

箕形土地面積算題不見於張家山漢簡《算數書》。

三、求圓形田地面積的算題

可以認定爲圓形田地面積計算的算題有一道，簡文是：

【0812】周田卅步爲田七十五步。

譯文是：已知圓形田地的周長是三十步，求得田的面積是七十五平方步。

---

① 宗福邦、陳世鐃、蕭海波主編：《故訓匯纂》，北京：商務印書館，2003年，第766頁。

② （晋）劉徽注，（唐）李淳風注釋：《九章算術》卷1，《景印文淵閣四庫全書》，第797冊，第12頁。

　　此題與《九章算術》"方田"章第三十一題可對應："今有圓田，周三十步，徑十步。問爲田幾何，答曰：七十五步。"[①]兩題的數據都是相同的，不過《九章算術》的"圓田"題設條件有多餘，實際上祇需要知道周長，就可求出圓面積。

　　分析《數》"周田"算題的題設條件和答案，可知計算是采用"周三徑一"的原則，即 π=3，此率可能來自圓內接正六邊形的周長與直徑之比。因爲當圓周率取"3"時，用"圓的周長=π×直徑"算出的結果其實是圓內接正六邊形的周長。

　　《數》"周田"算題并沒有記錄解題的具體方法，那就祇能推測。如圖 3-3 所示，圓 O 半徑爲 r，那麼它的內接正六邊形的邊長也是 r，將 CD 邊外推至 EF，與圓周交於 G，得到梯形 ABFE。在梯形 ABFE 中，上底 EF＝半徑 r，下底 AB＝直徑 2r，高 OG＝半徑 r，求得梯形 ABFE 的面積是 $\dfrac{(EF+AB)\times OG}{2}=\dfrac{3r^2}{2}$，而這一梯形面積的

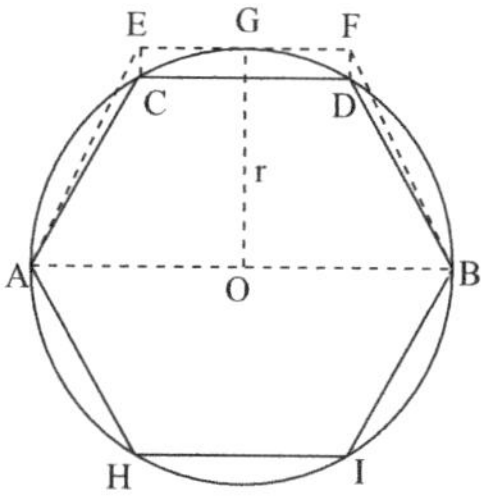

圖 3-3　圓田面積割補術

兩倍就是 $3r^2$，正好是圓周率取"3"時算得的圓的面積。對照圖 3-3，若把梯形 ABFE 超出圓周的面積割補到梯形兩腰處的弓形，就可以近似地把圓 O 面積視爲兩個相等的等腰梯形 ABFE 面積之和，如此也就能夠利用等腰梯形的面積演算法來計算圓的近似面積。而《數》裏恰好記錄有等腰梯形面積演算法，即前文所述"箕田"面積演算法。有學者在分析《九章算術》"圓田"算題解答方法時，也是持的這種觀點[②]，此所謂求解圓面積的"割補術"原理。

　　張家山漢簡《算數書》中有求正方形內切圓面積算題一例。

---

① （晋）劉徽注，（唐）李淳風注釋：《九章算術》卷 1，《景印文淵閣四庫全書》，第 797 册，第 12 頁。

② 蕭作政：《九章算術今解》，瀋陽：遼寧人民出版社，1990 年，第 20—21 頁。

四、小　結

　　雖然本文所述算題多數亦見於《九章算術》和張家山漢簡《算數書》，但由於嶽麓書院藏秦簡《數》目前是中國數學史研究中最早的文獻資料，因而對於我們解讀秦代算數發展的水準十分重要。從本文分析的土地面積算題看來，秦代在計算矩形面積時，運用了"啓從（縱）術""里田術"等多種優化演算法，而秦代的圓面積計算方法可能是采用割補術，再利用等腰梯形面積演算法求解的近似值。

周秦時期穀物測算法及比重觀念——
嶽麓書院藏秦簡《數》的系列研究

蕭　燦，朱漢民

湖南大學嶽麓書院在 2007 年 12 月從香港古董市場收購了一批簡，經檢測鑒定爲秦代簡。2008 年 8 月，書院又接收到少量捐贈簡，已確認與之前收購的簡是同一批出土的簡①。

在這批簡中，有一部分簡的内容是關於算數的，而編號爲【0956】簡的背面寫有一個“數”字，因此定名爲《數》。目前整理出的《數》竹簡共有 220 餘枚（以有整理編號的簡計數），還有部分竹簡殘片仍在拼綴整理中。每枚完整竹簡長約 30 釐米，有上、中、下三道編繩。文字書於竹黄一面，正文一般寫在上下編繩之間，偶見有文字寫在上編繩以上部位或下編繩以下部位的情況。從字體看來，全書是由一人抄寫的。②

我們初步判斷嶽麓書院藏秦簡《數》的成書年代下限爲秦始皇三十五年（前 212 年），這是依據嶽麓書院秦簡中與《數》并存的一份曆譜的記録推測的。由於《數》有可能是當時的傳抄本或是通過繼承等途徑得來，也可能隨時代之變有增減修正，且《數》中的算題、演算法在編書

---

① 陳松長：《嶽麓書院所藏秦簡綜述》，《文物》2009 年第 3 期，第 75 頁。
② 蕭燦、朱漢民：《嶽麓書院藏秦簡〈數〉的主要内容及歷史價值》，《中國史研究》2009 年第 3 期，第 39—47 頁。

– 39 –

時可能早已存在，所以《數》的成書年代，或者其中某些算題演算法的形成年代，很可能比嶽麓書院藏秦簡中的其他簡書要早。在對《數》的內容作了初步的整理、分析後，我們推斷，《數》反映的大致是我國周秦之際的數學發展水準，其中某些算題、演算法或可追溯到更早的時期。①

在釋讀過程中我們發現《數》裏保存了許多有關秦代測量計算以及度量衡制度的資料，本文將着重分析其中一些與體積、重量換算有關的簡文，首先我們看這樣一組簡：

泰粟廿三斗六升重一石·水十五斗重一石，糯米廿斗重一石，麥廿一斗二升重一石（簡【0780】）

荅十九斗重一石，麻廿六斗六升重一石，菽廿斗五升重一石（簡【0852】）

稻米十九斗二升重一石（簡【0886】）

粺米十九［斗］重一石，稷毀（糳）十九斗四升重一石，稻粟廿七斗六升重一石，稷粟廿五斗重一石（簡【0981】）

桼一石十六斗大半斗∟，稻一石（簡【2066】）

這組簡都是記錄的各種物質的體積重量關係，其敘述模式爲“某物多少斗多少升重一石”，或者是“某物（重）一石（合）多少斗多少升”，而實質是記錄了物質的體積與重量之比。進一步，我們注意到各條記錄都是針對“重一石”這種情況的，如此做法就使得體積與重量之比的分母爲“1”，那麼作爲分子的體積斗升數字就相當於單位重量物質的體積，可以在體積重量換算中當“系數”使用。具體做法是先測量出物質的體積，以“斗、升”爲單位，然後除以早已記在簡書上的“系數”，就得出了物質的重量，單位是“石”。可以這麼説，簡文記錄了多種穀物的體積重量之比的“系數”，由此，我們很容易想到，周秦時期人們習慣以測量穀物體積的方式計量糧食多少，而糧食的重量則通過計算得出。應該説，這種方法在當時是比較方便的，尤其對於大批量糧食的測量更顯出優勢。

---

① 朱漢民、蕭燦：《從嶽麓書院藏秦簡〈數〉看周秦之際的幾何學成就》,《中國史研究》2009 年第 3 期，第 51—58 頁。

關於周秦時期以至漢代人們對穀物等農産品采用體積測算法的情況，也能在睡虎地秦簡、張家山漢簡等文獻中找到相關材料。例如，在《睡虎地秦墓竹簡》的“倉律”裏記有“叔（菽）、荅、麻十五斗爲一石。稟毀（穀）粺者，以十斗爲石【倉四三】”[1]；在張家山漢簡《算數書》的“程禾”裏記有“程曰：麥、菽、荅、麻十五斗一石。稟毀（穀）繫者，以十斗爲一石”[2]。相比之下，嶽麓書院藏秦簡《數》的這組簡對各種穀物的體積重量比值的記録更爲細緻明確一些。不過，嶽麓書院秦簡所記數值與睡虎地秦簡、張家山漢簡所記數值差距較大，其原因也許是這裏引述的睡虎地秦簡、張家山漢簡的“石”指體積（容積），而以往的研究者認爲是指重量，或可再商榷。總的説來，嶽麓書院藏秦簡《數》的這組簡特殊在：它記録的是體積重量之比的“系數”，多種常用“系數”寫在算術書裏，有可能是作爲“系數表”供當時的人們查閲。

在《數》中還有很多算題，也都反映出當時的人們習慣用體積來計量穀物，例如：

粟一升爲米五分升三，粟一升少半升爲米五分升四，粟一升大半升爲米一升（簡【0021】）

米一升爲麥一升半升，糲一斗爲粺十分升九，粺一升爲糲一升九分升一（簡【0822】）

這類穀物對換算題中用的都是體積計量。又例如：

倉廣五丈，袤七丈，童高二丈，今粟在中盈與童平，粟一石居二尺七寸，問倉積尺及容粟各幾（簡【0801】）

可（何）？曰：積尺七萬尺，容粟二萬五千九百廿五石廿七分石廿五。述（術）曰：廣袤相乘，有（又）以高乘之，即尺。以二尺（簡【0784】）

要稱量出糧倉裏的穀物重量，工作量是很大的，而通過計算糧倉的

---

① 睡虎地秦墓竹簡整理小組編：《睡虎地秦墓竹簡·釋文》，北京：文物出版社，1990年，第30頁。

② 彭浩：《張家山漢簡〈算數書〉注釋》，北京：科學出版社，2001年，第80頁。

容積來測知倉中糧食儲量就方便多了。再例如：

> 夫：（大夫）、不更、走馬、上造、公士，共除米一石，今以爵
> 衰分之，各得幾可（何）？夫：（大夫）三斗十五分斗五，不更二
> 斗十五分斗十，走（簡【0978】）

> 馬二斗，上造一斗十五分五，公士大半斗。述（術）曰：各直
> （置）爵數而并以爲法，以所分斗數各乘其爵數爲實：（實，實）
> 如（簡【0950】）

這道分派糧食的算題也是用的體積計量。可見人們在生活實際中，都是習慣用體積來計量穀物的。

基於以上資料，我們可以認爲：

周秦時期，對於穀物等農產品，人們習慣用體積測算法，在測量出體積後，通過計算得出重量，而每種穀物的體積／重量（V/G）係數已被預先測定并記錄在簡書中。

接下來我們要重點分析的是編號爲【0780】的簡。

在簡【0780】中寫着："……水十五斗重一石……"，這是個很特殊的記錄，由於水的物理特性，它的體積／重量（V/G）係數意義非同一般。我們知道，穀物由於品種、氣候、生長環境、堆積空隙等因素的影響，致使在不同條件下測定的體積／重量（V/G）係數多少有些差值，而水就不受這些影響。雖然説周秦時期人們測定的水的體積／重量（V/G）係數，還考慮不到大氣壓、溫度、純净度等因素的影響，但也算得上是一個較爲標準的常量了。有了這個數值，就可以更準確地測算體積與重量。例如，如果我手頭有個標準量器"斗"，用它量取十五斗水，這十五斗水的重量就是標準的一石；反之，若是我準確量得了重量爲一石的水，那它的體積就是標準的十五斗。

當然，在簡【0780】中記錄的水的體積／重量（V/G）係數有可能是因爲當時的某種生產工藝需要用到這一比值，它與其他的穀物體積重量比值祇是純粹的并列關係。但是從簡文的書寫方式，再加上相關文獻來判斷，此處簡文寫的"水十五斗重一石"極有可能是被當成標準常量

在使用。其一，在簡【0780】中，簡文"水十五斗重一石"是用一個小圓點"·"與前面的"黍粟廿三斗六升重一石"連接的，不像其他的穀物體積重量比值之間以空白分隔，這很可能表示"水十五斗重一石"是作爲説明、參照、標準之類寫在此處的；其二，關於利用"水"來確定體積與重量的換算標準的做法，《續漢書·禮儀志》中也有記載："權水輕重，水一升，冬重十三兩。"[1]在這裏，人們甚至已經考慮到季節溫度的影響了。因此，我們推測：

周秦時期，人們掌握了水的某些物理特性，懂得利用水來規定體積與重量之間的換算標準，并已測定記錄下水的體積/重量系數作爲標準常量應用。

綜合上面的分析，我們有這樣的聯想：測量、記錄、使用這些體積/重量（V/G）系數的古人會不會把這些系數作一下比較，特別是把各種穀物的體積/重量（V/G）系數與水的體積/重量（V/G）系數比較，隨之總結出我們今天稱之爲"比重"的物理概念？我認爲，這種可能性是極大的。從本文摘録的嶽麓書院藏秦簡《數》的這一組簡文來看，周秦時期的人們已經明確知道：重量相等的不同物體，體積不相等；反之，體積相等的不同物體，重量不相等；同類物質的體積與重量之間的比值是一定的；水的體積與重量比值爲固定值。既然有了這些認識，其實可以説已經知曉或者應用比重觀念了，祇不過沒有以文字形式給出比重的標準定義罷了。

此外，由於周秦時期重量單位制采用的是混合數基的數系，就使得對重量的稱量計算更加麻煩，這一因素也會促使人們選擇體積測算法計量穀物。據嶽麓書院藏秦簡《數》記載：

四萬六千八十朱（銖）一石，千九百廿兩一石，百廿斤一石（簡【0303】）

十六兩一斤，卅斤一鈞，四鈞一石（簡【0458】）

---

① （晋）司馬彪撰，（梁）劉昭注：《續漢書·禮儀志》，北京：中華書局，1965 年，第 11 册，第 3125 頁。

稍加歸納，《數》裏包含的重量單位的換算如下：

1 石 ＝4 鈞，1 鈞 ＝30 斤，1 斤 ＝16 兩，1 兩 ＝24 銖。

在重量單位制中的數基變化可能是出於習慣，又或是其他原因。這種變化使得計算複雜化了。例如，若想知道 2 石 3 鈞 4 斤 5 兩 6 銖是多少銖，很難迅速得出結果，需要通過計算：

$$2 \times (4 \times 30 \times 16 \times 24) + 3 \times (30 \times 16 \times 24) + 4 \times (16 \times 24) + 5 \times 24 + 6 = 128382 （銖）$$

顯然，這種重量單位制的混合數基數系是不利於科學計數的，而選擇體積測算法來計量穀物就可以避免麻煩的換算了。

從《數》的"輿（與）田""稅田"算題看秦田地租稅制度

蕭　燦

　　關於秦田地租稅制度的一些細節，如田租率等，因文獻缺乏一直無法確知。在嶽麓書院藏秦簡《數》裏，關於田地產量及租稅的完整算題有 21 例，叙述演算法的術文 4 例。從演算法方面看，它們是一些簡單的比例問題；從内容方面看，它們保存了很多關於秦田地租稅制度的資料。這些資料裏包含了田地性質、租率、課收方式等信息，爲我們瞭解秦田地租稅制度提供了參考。

　　在這些計算田地租稅的算題裏，出現了兩類租率相差很大的田地名稱："輿（與）田""稅田"。"與田"一詞在張家山漢簡《算數書》裏也出現過 3 次，但是《算數書》所保存的信息不能讓人理解"與田"的含義。現在我們看到"輿（與）田"在《數》裏出現了 9 次，通過對上下文的分析，我們歸納出"輿（與）田"的特徵并認爲它是秦的一種土地占有形態和經營方式。至於"稅田"一詞，在各類文獻中出現較多，對秦"稅田"制度已有認知和論述。現在《數》裏保存的關於"稅田"的信息爲研究秦"稅田"制度提供了新的材料。

　　《數》是一本數學書，研究工作首先還是從理清算題的題意條件、演算法、答案入手，在這一步工作中收穫到一些信息，然後綜合傳世文獻和出土文獻中的相關資料分析"輿（與）田"和"稅田"的各種特徵，得出結論。

"輿（與）田"類算題

"輿（與）田"一詞在關於田地租稅的 21 例完整算題和 4 例"術"文中共出現 9 次，分別置於 7 例算題和 2 例術文裏。簡文如下：

【0411】枲輿（與）田，周廿七步，大枲高五尺，四步一束，成田六十步四分步三，租一斤九兩七朱（銖）半朱（銖）。

【0475】枲輿（與）田九步少半步，細枲高丈一尺，三步少半步一束，租十四兩八朱（銖）廿五分朱（銖）廿四。

【0837】細枲輿（與）田十二步大半步，高七尺，四步一束，租十兩八朱（銖）有（又）十五分朱（銖）四。

【0826】枲輿（與）田七步半步，中枲高七尺，八步一束，租二兩十五朱（銖）。

【0835】枲輿（與）田六步，大枲高六尺，七步一束，租一兩十七朱（銖）七分朱（銖）一。

【0890】枲輿（與）田五十步，大枲高八尺，六步一束，租一斤六兩五朱（銖）三分朱（銖）一。

【0900】輿（與）田租枲述（術）曰：大枲五之，中枲六之，細〔枲〕七之，以高乘之爲實，直（置）十五，以一束步數乘之爲法，實如法得

【1743】租枲述（術）曰：置輿（與）田數，大枲也，五之，中枲也，六之，細枲也，七之，以高乘之爲實，左置十五，以一束步數乘十

【1654】禾輿（與）田十一畞，□二百六十四步，五步半步一斗，租四石八斗，其述（術）曰：倍二百六十四步……

在 7 例算題中，針對"枲"這種作物的有 6 例，我們稱爲"枲輿（與）田"類算題；針對"禾"的有 1 例，我們稱爲"禾輿（與）田"算題；2 例"術"文都是針對"枲"的，我們稱爲"輿（與）田租枲述（術）"。

算題裏的"枲"又分爲"大枲""中枲""細枲"三類。綜合分析算題和"術"文，可以列出 6 例"枲輿（與）田"算題的演算法式：

大枲： $\dfrac{與田步數\times5\times高}{一束步數\times15}=田租$

中枲： $\dfrac{與田步數\times6\times高}{一束步數\times15}=田租$

細枲： $\dfrac{與田步數\times7\times高}{一束步數\times15}=田租$

以第【0411】號簡的算題爲例。算題的已知條件給出了圓形田地周長 27 步（其他算題的已知條件直接給出了田地面積的平方步），那麼先要計算出圓形田地的面積是 $60\dfrac{3}{4}$ 平方步（取），之後的租稅計算就按照上面的大枲"輿（與）田"演算法式，將數值代入：

$$\frac{60\dfrac{3}{4}\times5\times5}{4\times15}=\frac{405}{16}=25\frac{5}{16}（兩）即\quad 1斤9兩7\frac{1}{2}銖$$

其他算題的計算從略。

另外，在關於田地租稅的 21 例完整算題裏還有 3 例算題是針對"枲"的，雖然在簡文中沒有出現"輿（與）田"一詞，但是算題的計算符合上面的"枲輿（與）田"租稅演算法式。它們是：

【0844】細枲田一步少半步，高七尺 ＝（尺，尺）七兩，五步半步一束，租十九束（朱，銖）百六十五分朱（銖）一。

【0849】大枲田三步少半步，高六尺，六步一束，租一兩二朱（銖）大半朱（銖）。

【0888】大枲田三步大半步，高五尺 ＝（尺，尺）五兩，三步半步一束，租一兩十七朱（銖）廿一分朱（銖）十九。

這樣一來就有 9 例"枲輿（與）田"算題和 2 例"輿（與）田租枲述（術）"術文，從中可以獲得"輿（與）田"租稅的幾點信息：

（一）租稅是按土地面積徵收的，而不是按人户徵收。

（二）徵收實物田租。

（三）枲的産量與枲的不同種類、枲的生長高度、枲的種植面積大小、枲的種植密度等多個因素有關，因此租税的量也與這些因素有關。

（四）種植枲的"輿（與）田"，收取的租税爲産量的十五分之一，按重量計算。

第一、二點很明顯。第三、四點的判斷依據是：從各算題和術文裏的"大枲五之，中枲六之，細枲七之"可知，求租税時需根據大枲、中枲、細枲品種的不同相應地乘以五、乘以六、乘以七。五六七這三個系數祇與枲的品種相關。把第【0888】號簡中的"尺五兩"和"大枲五之，中枲六之，細枲七之"聯繫起來，可以判斷這裏的"五之""六之""七之"是指的"尺五兩""尺六兩""尺七兩"，即乘以每束枲的單位長度的重量。每束大枲單位長度一尺重五兩，每束中枲單位長度一尺重六兩，每束細枲單位長度一尺重七兩。據此計算出的數據就是作爲租税收取的枲的重量。

演算法式的分子乘了枲的高度，分母乘了"一束步數"，那麼租税就與枲的高度成正比，與"一束步數"成反比。這裏面包含的意思是同一種枲如果長得高大，産量就大，租税也隨之增長。反之，枲長得低矮，産量就少，租税也隨之減少。"一束步數"實際反映的是種植密度。同一種枲，如果種植密集，收集"一束"枲所需的田地面積"步數"數值就小些（這相當於單位面積産量高些），那麼計算出的租税數值就大些。反之，如果種植稀疏，"一束步數"數值就大些（這相當於單位面積産量少些），租税也隨之減少。

雖説數學算題的數值可能是假設的，不一定等同於真實情況，但是《數》裏的每一例"枲與田"算題都是取十五分之一的租率，那麼十五分之一這個數值很可能會是當時的實際租率。

再看第 1654 號簡的"禾輿（與）田"算題。如簡文所述：有一塊矩形田地，面積是 11 畝，它的一個邊長是 264 步。如果我們取 1 畝=240 平方步，可算得另一個邊長是 10 步。11 畝田的總面積爲 2640 平方步，除以 5.5 平方步，得到 480 斗即 48 石，此爲 11 畝田的總産量，再除以

10 正得租 4 石 8 斗，爲此題的答案。第 1654 號簡表明"禾輿（與）田"的税率爲什一之税，高於枲與田 1/15 的税率。另外，與枲按重量收税不同，禾是按體積徵收租税的。

在此題包含的數據裏，禾田的畝産量是石。銀雀山漢墓竹簡裏的《守法守令等十三篇》之九記載："歲收：中田小畝畝廿斗，中歲也。上田畝廿七斗，下田畝十三斗。（簡九三七）"①其中的畝可能是按周制 100 平方步，如果按每畝 240 平方步的秦制計算，畝産量就是：中歲中田畝産 4.8 石，上田畝産 6.48 石，下田畝産 3.12 石。這樣一來，銀雀山漢墓竹簡記載的中田畝産量與《數》裏第 1654 號簡的數據是很接近的。

關於秦田地租税制度，張金光先生在他的著作《秦制研究》一書中有系統論述，下面我們就把《秦制研究》中的觀點與從《數》算題裏獲得的信息作比照。

《秦制研究》裏指出："秦簡公七年，'初租禾'。這是秦國課收實物田租的開始。""秦田租徵收的標準是土地的多少，而不是人户。"②這兩點與從《數》算題得到的信息是一致的，同時也説明《數》的田地租税類算題出現於秦簡公七年（公元前 408 年）之後。

《秦制研究》裏認爲："秦自商鞅變法後，田租應是結合産量，按照一定租率，校定出一個常數，作爲固定租額，也就是説，基本上是實行定額租制，而不是分成租制。""秦的田租率究竟是多少？文獻缺文，無法確知。似乎也應是'什一'之率。"又"秦實物田租總分二類。一爲禾粟。……二爲芻藁。"③

這些意見，是由不多的材料推測出來的，直接的證據并不多。現在秦《數》裏保存的計算田地租税的 21 例完整算題，可以用更直接的資料對此進行檢驗，并提供一些細節。這些算題中，指明爲"枲"的有 12

① 銀雀山漢墓竹簡整理小組編：《銀雀山漢墓竹簡（壹）·釋文》，北京：文物出版社，1985 年，第 146 頁。

② 張金光：《秦制研究》，上海：上海古籍出版社，2004 年，第 187 頁。

③ 張金光：《秦制研究》，上海：上海古籍出版社，2004 年，第 192—193、189 頁。

例，指明爲“禾”的5例，未指明物種的4例。而4例“術”文裏有3例都是關於“枲”的。這説明秦的田租，不光有前人提到的禾粟芻稾，還有枲。（當然還可能有別的）《數》中反映的税率，説明田租取“什一”之率的説法，是部分正確的，即對與田種禾來説是對的，但對其他作物就不見得對。《數》説明對枲的徵税率爲1/15，比對禾的税率低，祇有禾租率的2/3。當然，《數》作爲數學文獻，畢竟還不是法律文書，它所映的田租率雖然很可能是正確的，但要説它完全正確，則還有待更直接的材料來證實。

瞭解到“興（與）田”租税的種種信息後，應該可以判斷它在秦田地制度中屬於哪一類型了。“在普遍土地國有制下，秦土地有兩種基本的占有形態和經營方式，一部分是由國家政府機構直接經營管理，一部分則是通過國家授田（包括庶民分地授田和軍功分地益田等方式）而轉歸私人占有和經營使用。”①前者是國營農耕地，收益入國庫公倉；後者是私人有使用權的農耕地，按一定税率繳納租税。“興（與）田”應屬於後者。從字義分析，“與”通“予”。例如，《詩經·大雅·皇矣》“此維與宅”，《漢書·郊祀志》等引“與”作“予”。《史記·封禪書》“不足與方”，《孝武本紀》“與”作“予”。②“興（與）田”的意思就是“授予的田地”，即睡虎地秦簡中的“受田”，如《秦律十八種·田律》裏的“入頃芻稾，以其受田之數。（田律九）”。③

“税田”類算題。“税田”一詞在關於田地租税的21例完整算題和4例“術”文中共出現10次，分別置於7例完整算題和1例“術”文裏。算題簡文如下：

【0788】今枲兑（税）田十六步，大枲高五尺，五步一束，租

____

① 張金光：《秦制研究》，上海：上海古籍出版社，2004年，第2頁。

② 高亨纂著，董治安整理：《古字通假會典》，濟南：齊魯書社，1989年，第840—841頁。

③ 睡虎地秦墓竹簡整理小組編：《睡虎地秦墓竹簡·釋文》，北京：文物出版社，1990年，第21頁。

五斤。今誤券一兩，欲奧步數，問幾可（何）一束？得曰：四步八十一分七十

【0775】六匚一束，欲復之，復置一束兩數以乘兌（稅）田，而令以一爲八十一爲實，亦令所奧步一爲八十一，不分者，從之以爲

【0841】枲兌（稅）田十六步，大枲高五尺，三步一束，租八斤五兩八朱（銖）。今復租之，三步廿八寸當三步有（又）百九十六分步

【1651】枲稅田卅五步，細枲也，高八尺，七步一束，租廿二斤八兩。

【0982】禾兌（稅）田卅步，五步一斗，租八斗，今誤券九斗，問幾可（何）步一斗？得曰：四步九分步四而一斗。述（術）曰：兌（稅）田爲實，九斗

【0847】稅田三步半步匚，七步少半一斗，租四升廿四〈二〉分升十七。

【0939】租誤券。田多若少，耤令田十畝，稅田二百卅步，三步一斗，租八石，·今誤券多五斗，欲益田，其述（術）曰：以八石五斗爲八百

【0817】稅田廿四步，六步一斗，租四斗，今誤券五斗一升，欲奧

【0952】爲枲生田，以一束兩數爲法，以一束步數乘十五，以兩數乘之爲實＝（實，實）如法一步，奧枲步數之述（術），以稅田乘

以第0788、0775號簡的算題爲例，它的計算過程是：

$$\frac{16 \times 5 \times 5}{5} = 80（兩）\quad 即租5斤$$

今誤券1兩，就是多記爲租81兩，設 χ 步一束。

$$\frac{16 \times 5 \times 5}{\chi} = 81 \Rightarrow \chi = 4\frac{76}{81}（步）$$

其他算題的計算從略。

和"與田"相比，"稅田"也是按田畝和產量收取實物租稅。不同的是，"稅田"的田租率很高。經核算，在3例"枲稅田"算題中，田租率

均爲百分之百，即收穫的禾全部上繳。在第【0982】號簡的"禾兑（稅）田"算題中，若取 240 平方步一畝，因"五步一斗"則每畝産量是 $\frac{240}{5} \times 1$=48（斗），即 4.8 石。而"田卅步"，"租八斗"，那麼每畝租就是 $\frac{240}{40} \times 8$=48（斗），也是 4.8 石。如此計算，第【0847】【0939】【0817】號簡所記録的"稅田"算題，雖不知作物品種，但租率都是百分之百。第【0952】簡含義未明。

我們根據租率百分之百這一情況推斷"稅田"是由國家政府機構直接經營管理的農耕地，就是"公田"。春秋末至戰國初，秦國的井田制仍占主導地位，農户無償耕種的"公田"收穫歸國家，耕種"私田"維持自家生活。商鞅變法後，井田制逐步瓦解。此時部分"公田"仍是由國家政府機構直接經營管理，使用的勞動力是刑徒。在睡虎地秦簡《秦律十八種·倉律》裏有記載："隸臣田者，以二月月稟二石半石，到九月盡而止其半石。（倉五二）"①這説的是"隸臣"從事耕種的口糧標準，應該屬於國家政府機構使用刑徒耕種國營土地情況下的制度。使用刑徒耕種國有田地，收穫盡入國庫，田租率當然是百分之百。國有"稅田"和私有"輿（與）田"（即"受田"）的性質不同，田租率差別也就很大。

---

① 睡虎地秦墓竹簡整理小組編：《睡虎地秦墓竹簡·釋文》，第 32 頁。

勾股新證——嶽麓書院藏秦簡《數》系列研究

蕭　燦，朱漢民

2009 年，我們已經發表了幾篇文章簡要介紹嶽麓書院藏秦簡《數》的基本情況，也公布了部分算題的照片圖版和釋文，其中有一例來不及細論的算題"圓材薶地"非常重要，因它爲我們瞭解先秦（或至遲秦朝）時代這類演算法的情況提供了時代確切的直接材料。原簡釋文是：

> □有圍（圓）材薶（埋）地，不智（知）小大，斷之，入材一寸而得平一尺，問材周大幾可（何）。即曰，半平得五寸，令相乘也，以深【0304 簡】一寸爲法，如法得一寸，有（又）以深益之，即材徑也【0457 簡】。

我們發現，在已知的出土簡牘數學文獻中，沒有見到過類似的算題，而在傳世文獻《九章算術》裏則有一例相同的算題，即《九章算術》裏"勾股"章的第九題，現摘引如下：

> 今有圓材埋在壁中，不知大小。以鐻鐻之，深一寸，鐻道長一尺。問：徑幾何？答曰：材徑二尺六寸。術曰：半鐻道自乘，如深寸而一，以深寸增之，即材徑。①

---

① 郭書春匯校：《匯校九章算術》（增補版），瀋陽：遼寧教育出版社，2004 年，第412—413 頁。

比較兩道算題，如果忽略題設情景的描述以及語言表達的差別，衹從條件、數據、解題方法幾方面考察，則兩題完全一樣，可視爲同一題；衹是《九章》最終要求的是直徑，而秦簡《數》最終求的則是周長，要通過先求直徑來達到目的。基於此，我們認爲《數》所收錄的這道“圓材薶地”算題直接說明了《九章算術》裏“勾股”章的內容在先秦數學著作中就有淵源，此題爲我們研究畢氏定理在先秦時期被應用的情況提供了新材料。

下面我們將要述及的內容是：一，對算題的形成年代的推測；二，分析算題簡文敘述的演算法式所運用的數學原理；三，基於對此算題的分析結果來討論畢氏定理在先秦的應用情況以及此題與《九章算術》“勾股”章算題的關聯。

一、算題的形成年代

首先毫無疑問的是，“圓材薶地”算題的形成年代不遲於《數》的抄書年代。嶽麓書院陳松長先生根據嶽麓書院秦簡中的《質日》所記載的信息推斷這批簡的抄寫年代下限是秦始皇三十五年（前212年）[1]，《數》的抄書年代自然也符合這一下限，也就是說“圓材薶地”算題的形成年代下限是公元前212年。

接下來要討論這道算題的形成年代上限。我們推測，這道算題的形成年代已經不是“學在官府”的時代，而是“禮崩樂壞、學術下移”的春秋戰國時代（前722年—前221年）。做出這樣論斷的原因在於算題的表述形式。郭書春先生在《試論〈算數書〉的理論貢獻與編纂》一文中指出：“‘學在官府’的時代，人們根據官方或權威部門的有關規定，以‘程’起首提出若干數學問題”，表述爲“程曰……。今……，問……幾

---

① 陳松長：《嶽麓書院所藏秦簡綜述》，《文物》2009年第3期，第75—78頁。

何”，待到“‘禮崩樂壞’，學術下移，民間對人們生産、生活中的某些活動的數量關係作了一些約定”，這類數學問題不再用“程”字，而演變爲“有……今……問……幾何”，以及“今有……問……幾何”的表述形式。[①]考察《數》裏的算題，也見到一部分以“程……”和“有……”起首提出問題的算題。如郭先生的論述，以“程”字開頭的算題可能是“學在官府”的時代流傳下來的，而以“有”或“今有”開頭的算題應該是“禮崩樂壞、學術下移”的年代纔出現的，那麼“圓材薶地”算題正是用“□有”開頭的，表述爲“□有……，問……幾可（何）”的形式，這説明此題可能出現於“禮崩樂壞、學術下移”的春秋戰國時代，那麼此題的形成年代上限就該在公元前 8 世紀中葉。但是彭浩先生認爲此説可疑，他指出，秦漢時期的著作中常見“程”字的這種用法，故不可以此作爲斷代的依據。我們以爲，在推定“圓材薶地”算題形成年代上限時，依據的是算題没有用“程”的表述形式，秦漢時期的著作當然可以沿用“程”的表述，但不用“程”字起首而用“今有”“有”的情況最早應該出現在春秋戰國時代，因此“圓材薶地”算題可能的最早形成年代就是春秋戰國時代，當然也可能形成於年代上限與下限之間的某一時期。另外，在確定此題的形成年代時，還需考慮此題涉及的演算法和數學原理最早出現在什麼年代。

二、算題簡文叙述的解題方法的數學原理

考察算題簡文叙述的解題方法：“……即曰，半平得五寸，令相乘也，以深一寸爲法，如法得一寸，有（又）以深益之，即材徑也”，將它寫爲

---

① 郭書春：《試論〈算數書〉的理論貢獻與編纂》，《法國漢學（第六輯）》，北京：中華書局，2002 年，第 513—517 頁。本文曾在 The Ninth International Conference on the History of Science and Technic in China（第九届國際中國科學技術史會議，9~12 October 2001 City University of Hong Kong）上宣讀。

算式：

$$\frac{半平 \times 半平}{深} + 深 = 材徑，代入數值：$$

$$\frac{五寸 \times 五寸}{一寸} + 一寸 = 二十六寸（即二尺六寸）$$

可以看出，算題簡文叙述的衹是演算法式，實際上我們并不能從這樣的演算法式斷言它是如何運用何種數學原理求解的。如果依照現在的數學知識，則無論運用畢氏定理、相似三角形相應綫段成比例原理，或是圓的相交弦定理都能推導出上面的演算法式。運用圓的相交弦定理求解的可能性可以排除，因爲它在中國傳統數學中毫無踪迹，在先秦時期，不可能是"圓材薶地"算題的解題思路。因此，當時此題的解答方法衹有兩種可能：一是運用畢氏定理；二是運用相似直角三角形對應邊成比例的性質。

第一種方案可以這樣來理解問題的解答方法：由於《九章算術》"勾股"章第九題與秦簡《數》的這個問題的數值和解法都相同，那麽考察前者的解法及其劉徽注是有益的。劉徽注説："此術以鐻道一尺爲句，材徑爲弦，鐻深一寸爲股弦差之一半，鐻（道）長是半也"，"亦以半增之，如上術，本當半之，今此皆同半差，不復半也"。[①]劉徽是把此題作爲已知勾與股弦差求股、弦的問題來對待的。在此題的注中劉徽没有具體介紹如何求解。但此問題與前面的三個問題"引葭赴岸""立木系索""依木於垣"同型，而在注"引葭赴岸""立木系索"兩問題時，劉徽利用畢氏定理來解决問題。劉徽對"圓材埋地"的注釋思路與其解釋"立木系索"相同，可以解釋爲：以鋸道長度、直徑與 2 倍鋸深之差、直徑分别爲勾、股、弦，爲便於理解，分别以它們的一半爲勾 a、股 b、弦 c。令正方形 ABCD 爲弦冪（c^2），正方形 EBHJ 爲股冪（b^2），那麽利用畢氏定理，勾的平方（a^2）=弦的平方（c^2）-股的平方（b^2）=正方形 ABCD-正方形 EBHJ=曲尺形 AEJHCD（矩冪），它可以化爲以股弦差（$c-b$）

① 郭書春匯校：《匯校九章算術》（增補版），第 412—413 頁。

爲寬（DF），以股弦并（$b+c$）爲長（AG+CD）的長方形（見圖 6-1）。因此，勾的平方（a^2）=股弦差（$c-b$）×股弦并（$b+c$），由此可知，勾的平方除以股弦差就得到股弦并，即 $b+c=a^2/(c-b)$，再加上鋸深（$c-b$），就是半徑的 2 倍（$2c$）即直徑。

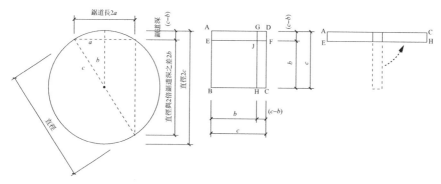

圖 6-1　劉徽的解題方法

　　劉徽對這個問題的解法所作的注用到畢氏定理和出入相補原理兩個基本的原理。

　　在傳世文獻中，畢氏定理最早見於《周髀算經》。書中記載西周初年數學家商高在回答周公的問題時説："故折矩，以爲句廣三，股脩四，徑隅五。……故禹之所以治天下者，此數之所生也。"[1]商高不僅提到勾三、股四、弦五的畢氏定理之特例，而且還提到大禹治水就運用了勾股術。書中又記載另一個數學家陳子給出了一個方法，由太陽的高度、太陽在地面的正下方位置到觀測者的距離來計算太陽到觀測者的距離："若求邪至日者，以日下爲句，日高爲股。句、股各自乘，并而開方除之，得邪至日。"[2]這段説明陳子不是湊數而是確實知道普遍的勾股定理并且知道開平方法，即 $c=\sqrt{a^2+b^2}$[3]。陳子活動的年代，科學史家根據天象記録，

① 錢寶琮校點：《算經十書·周髀算經卷上》，《李儼錢寶琮科學史全集（第四卷）》，瀋陽：遼寧教育出版社，1998 年，第 10—11 頁。

② 錢寶琮校點：《算經十書·周髀算經卷上》，《李儼錢寶琮科學史全集（第四卷）》，瀋陽：遼寧教育出版社，1998 年，第 20 頁。

③ 鄒大海：《從先秦文獻和〈算數書〉看出入相補原理的早期應用》，《中國文化研究》2004 年第 4 期，第 60 頁。

擬定爲公元前 7 至公元前 5 世紀，最遲不晚於公元前 4 世紀[①]。由於出入相補原理是最直觀、簡單的原理，它在中國古代數學推導幾何演算法中是一個行之有效的基本方法，這個方法在春秋戰國時代已經運用，因此前人推論中國人在先秦時期就利用這一原理推導和認識了普遍的畢氏定理[②]。

這一觀點和秦簡《數》"圓材薶地"問題正好可以互相發明。先秦已認識畢氏定理和出入相補原理，説明先秦能提出并解決"圓材薶地"問題絶非偶然，當時存在處理這類問題的理論和方法，劉徽利用畢氏定理和出入相補原理來解釋這一問題的演算法，其具體細節可能有出入，但體現了一種淵源有自的數學傳統。秦簡《數》記録這一問題，不僅説明《九章算術》的這個問題有着更早的來源，而且它的時間下限爲中國人在先秦就認識了畢氏定理（更不用説出入相補原理）的觀點提供了更明確和直接的支持。

另外，對於"圓材薶地"算題的解答，我們還考慮過第二種可能性，即當時人們有可能利用相似直角三角形對應邊成比例的性質解題。如圖 6-2 所示，因爲 Rt△ABC 與 Rt△CBE 及 Rt△ACE 相似，如果利用相似直角三角形對應邊成比例的性質，也很容易得出"圓材薶地"算題簡文叙述的演算法式。

我們之所以這樣推測，是因爲西周初年商高至少已認識到有一個公共角的相似直角三角形對應邊成比例的性質，而春秋戰國時期則認識了直角三角形對應邊成比例的一般性質[③]。《周髀算經》記載："商高曰："平

---

① 章鴻釗：《周髀算經上之勾股普遍定理："陳子定理"》，《中國數學雜志》1951 年第 1 期，第 13—15 頁。梁宗巨：《世界數學史簡編》，瀋陽：遼寧人民出版社，1980 年，第 331—332 頁。席澤宗、程貞一：《陳子模型和早期對於太陽的測量》，《古新星新表與科學史探索》，西安：陝西師範大學出版社，2002 年，第 426—435 頁。

② 鄒大海：《從先秦文獻和〈算數書〉看出入相補原理的早期應用》，《中國文化研究》2004 年第 4 期，第 52—60 頁。

③ 鄒大海：《中國數學的興起與先秦數學》，石家莊：河北科學技術出版社，2001 年，第 505—506 頁。

矩以正繩，偃矩以望高，覆矩以測深，卧矩以知遠。環矩以爲圓，合矩以爲方。"[1]商高説的"偃矩以望高"，按錢寶琮先生的意見可以解釋如下：矩尺 ABC，待測高度 EF，視綫 AF，交點 D（如圖 6-3）。那麽 EF=BD × AE ÷ AB，這是由 Rt△ABD 相似於 Rt△AEF，依據比例關係得出的。其實《九章算術》第九章的第十七題到第二十四題也都是測量問題，也完全可以運用相似直角三角形相應綫段成比例的原理解答。如若再考察世界數學史，不難發現，在歐幾里得（Euclid）《原本》（*Elements*）第六篇裏，就是利用第五篇的比例理論來討論相似形的。可見，利用比例來認識相似形，是很自然的思維發展過程。先秦數學中對比例原理的運用已經達到了很高的水準，當時人們有可能把比例觀念運用到某些相似幾何圖形如直角三角形上，通過兩個直角三角形在一定條件下相應綫段之間存在比例關係的原理來解決問題[2]。再有，《周髀算經》裏商高説的"環矩以爲圓"可能就是圓的内接直角三角形的概念，也就説明當時人們已經知道了直徑所對的圓周角爲直角的性質[3]。既然"相似直角三角形對應邊成比例"的性質和"直徑所對的圓周角爲直角"的性質都可能是已知的，那麽圖 6-2 所示的解答方法也就有可能被運用，或者説不能完全排除這種可能。當然，由於上述圖 6-2 中的直角三角形相似，要基於一些在中國傳統數學中難以找到根據的幾何原理（如同弧所對的圓周角相等，或直角三角形兩鋭角之和爲一直角），所以，我們認爲第二種推測祇是一種可能性很小的復原方案。

① 錢寶琮校點：《算經十書·周髀算經卷上》，《李儼錢寶琮科學史全集（第四卷）》，瀋陽：遼寧教育出版社，1998 年，第 17 頁。

② 鄒大海：《中國數學的興起與先秦數學》，石家莊：河北科學技術出版社，2001 年，第 115—120，501—506 頁。

③ 李儼：《中國數學大綱》，《李儼錢寶琮科學史全集（第三卷）》，瀋陽：遼寧教育出版社，1998 年，第 22 頁。

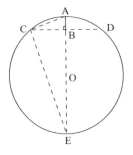
圖 6-2　用相似三角形解題

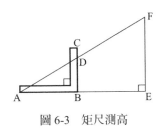
圖 6-3　矩尺測高

三、由算題引出的關於勾股、旁要、《九章算術》的推論

　　其實我們推測的兩種解題思路之間是有聯繫的。在中國古代數學中，人們認識相似直角三角形對應邊成比例的性質和畢氏定理的時間都很早。錢寶琮[①]和劉鈍[②]先生都認爲"從旁要取"來測量的《九章算術》"勾股"章的最後八個問題，可能是古代的旁要，這些問題用到的相似直角三角形對應邊成比例的性質，是中國古代"旁要"術的實質。關於"旁要"，韓祥臨先生有過論證："'旁要'就是利用直角三角形中所容正方形或矩形（'腰'）兩邊（'旁'）的兩個小勾股形對應邊成比例，來進行間接測量"，"旁要、重差、夕桀都是我國古代的測量術，其實質皆爲相似勾股形"[③]，也就是說"旁要"術利用了相似直角三角形對應邊成比例這一性質。《數》的"圓材薶地"算題雖然不是"勾股容方"的典型"旁要"問題，但如按上述第二種方案，它却有可能運用了與"旁要"密切相關

① 錢寶琮：《中國數學史》，北京：科學出版社，1981 年，第 44—45 頁。

② 錢鈍：《大哉言數》，瀋陽：遼寧教育出版社，1993 年，第 404 頁。

③ 韓祥臨：《"旁要、夕桀、重差"釋義》，《曲阜師範大學學報（自然科學版）》2001
　　年第 1 期，第 106—108 頁。

的相似直角三角形對應邊成比例的性質，那麼此算題是不是"旁要"的變化運用實例呢？

《數》的"圓材薶地"算題出現於先秦時期，它又出現在《九章算術》的"勾股"章，而"九章"源於"九數"，其中勾股源於旁要，那麼《九章算術》的"勾股"章所收錄的算題，會不會包含一些原先是運用"旁要"解答的算題？如果"圓材薶地"算題原屬於旁要，那麼漢編《九章算術》把它納入"勾股"也是可能的。

以上關於"旁要"的說法多是猜測，應該說《數》的"圓材薶地"算題最可能是勾股問題。由於在張家山漢簡《算數書》裏，沒有發現"勾股"類算題，而《算數書》的成書時代在《九章算術》之前，所以有學者認爲《九章算術》裏"勾股"章的形成時間比較晚，是在《算數書》出現之後纔逐步完成的。現在《數》的"圓材薶地"算題說明了勾股問題已出現在先秦時期的數學著作裏，算題也較複雜，需要熟練地將畢氏定理變化運用。但是在《數》裏我們祇見到這一個算題屬於勾股問題，所以也不能說《數》裏已形成"勾股"章。至於《九章算術》裏"勾股"章的第九題，也不一定是摘錄改編自《數》的"圓材薶地"算題，可能祇是有相同的源頭。迄今，我們雖已發現《數》的許多算題與《九章算術》的算題相同或近似，但仍不能說《數》對《九章算術》產生了直接影響。關於《九章算術》的成書問題，郭書春先生已提出一些證據說明《九章算術》的主要內容成於先秦[①]。鄒大海先生則更詳細、更充分地論述了《九章算術》的主要內容和方法形成於先秦[②]，在漢編《九章算術》

① 郭書春：《古代世界數學泰斗劉徽》，濟南：山東科學技術出版社，1992 年，第 98—105 頁。郭書春：《張蒼與〈九章算術〉》，劉鈍、韓琦等編：《科史薪傳——慶祝杜石然先生從事科學史研究 40 周年學術論文集》，瀋陽：遼寧教育出版社，1997 年，第 112—121 頁。

② 鄒大海：《中國數學的興起與先秦數學》，石家莊：河北科學技術出版社，2001 年。鄒大海：《出土〈算數書〉初探》，《自然科學史研究》2001 年第 3 期，第 193—205 頁。鄒大海：《睡虎地秦簡與先秦數學》，《考古》2005 年第 6 期，第 57—65 頁。

之前，一定存在很多數學著作，張漢家漢簡《算數書》祇是其中的一種，它對《九章算術》沒有直接的影響[①]，秦簡《數》支持這一意見。類似地，我們認爲在漢《九章算術》之前一定存在很多數學著作，不能僅憑《數》與《九章算術》有一些相同的算題就斷言兩者有直接的關聯，這個問題很複雜，還需進一步研究。

---

① 鄒大海：《從〈算數書〉與〈九章算術〉的關係看算法式數學文獻在上古時代的流傳》，《贛南師範學院學報》2004 年第 6 期，第 7—10 頁。鄒大海：《出土簡牘與中國早期數學史》，《人文與社會學報》2008 年第 2 期，第 71—98 頁。

秦簡《數》之"耗程""粟爲米"算題研究

蕭　燦

秦簡《數》不是通過科學的考古發掘得到的，這使得秦簡《數》缺失了很多的簡文信息和有關各條之內、各條之間關係的信息，也缺失了與之相關的墓主個人及其他社會信息。時代湮遠，古今隔閡，造成了很多疑惑。因此有大量疑難問題，需要通過多方考證纔能獲得較爲清楚的認識。本文將要討論的是《數》的算題"耗程"（由簡【0809】和簡【0802】編聯而成）和"粟爲米"（由簡【2173】、簡【0137】和簡【0650】拼綴編聯而成），算題內容是關於糧食加工、倉儲事務的，有意思的是，它們都涉及非標準的換算比例，值得關注。

一、對算題"耗程"的研究

簡文是：

耗程。以生貫（實）爲法，如法而成一。今有禾，此一石舂之爲米七斗，當益禾幾可（何）？其得曰：益禾四斗有（又）七分

【0809】

斗之二∟，爲之述（術）曰：取一石者十之而以七爲法∟，它耗
程如此。　　【0802】

（一）字詞釋義

秏，同"耗"。《廣韻·號韻》："秏，減也。……俗作耗。"①

程②，計量或計量標準。《漢書·東方朔傳》："武帝既招英俊，程其
器能，用之如不及。"顏師古注："程謂量計之也。"③秦國至漢代的政府
爲某些部門和工作製定的數量標準，納入法律的範圍，稱爲程。亦用如
動詞，表示按程來考慮，例如，張家山漢簡《算數書》簡 70 的"程竹"，
簡 87 的"程它物如此"，簡 88 的"程禾"。④益，增加。《算數書》《九章
算術》多次用"益"。《九章算術》正負術："異名相益"，益訓加。⑤《廣
雅·釋詁二》："益，加也。"⑥

秏程，此處可能是作爲題名。《數》的算題大多無題名。

臩（實），在《數》中，"實"字多數情況下寫爲"臩"，"實"從"宀"
從"貫"，簡文將"毌"寫作"尹"或者"君"，在《數》中"實"字也
有幾處寫爲"臩"。

石，在政府倉儲部門中根據不同的糧食種類采用不同的體積標準。
例如禾黍（粟）一石爲 $16\frac{2}{3}$ 斗，稻禾一石爲 20 斗，菽、荅、麻、麥一

---

① 余廼永校注：《新校互註宋本廣韻（定稿本）》，上海：上海人民出版社，2008 年，
第 418—419 頁。

② 本文對"程"的注釋參照了：鄒大海：《從出土竹簡看中國早期委輸算題及其社
會背景》，《湖南大學學報（社會科學版）》2010 年第 4 期，第 5—10 頁。以及彭
浩先生的闡釋（電子郵件）。

③《漢書》卷 65《東方朔傳》，北京：中華書局，1962 年，第 9 冊，第 2863—2864頁。

④ 彭浩：《張家山漢簡〈算數書〉注釋》，北京：科學出版社，2001 年，第 71、79—
80 頁。

⑤ 郭書春匯校：《匯校九章算術》（增補版），第 357 頁。

⑥ 宗福邦等主編：《故訓匯纂》，第 1534 頁。

石都是 15 斗，糲、粺、毇、粲米一石都是 10 斗。本條中"此一石"系針對禾一石即 $16\frac{2}{3}$ 斗而言。[①]

（二）演算法分析

術文的演算法相當於：

$$\frac{10\times10}{7}=14\frac{2}{7}\ （斗）$$

這是不完整的，實際計算中應包含這樣的計算步驟：

$$14\frac{2}{7}-10=4\frac{2}{7}\ （斗）$$

鄒大海先生認爲這個計算方法不符合原題[②]。由 10 斗禾舂出 7 斗米，出米率就遠高於由粟舂出糲米的比例 $16\frac{2}{3}$: 10=10 : 6，與"耗"這一題設不符。此題應理解爲：正常情況下 1 石（即 $16\frac{2}{3}$ 斗）禾（粟）舂 1 石（即 10 斗）米，現在由於有損耗，所以 1 石禾祇舂出 7 斗米，那麼要得到正常舂出的 1 石米，應該增加多少損耗的禾。先計算 $\left(16\frac{2}{3}\times10\right)\div7$，便是在有損耗的情況下，要獲得正常舂出的一石米所需要的禾的數量，

---

① 關於"石"的標準參見以下文獻：睡虎地秦墓竹簡整理小組：《睡虎地秦墓竹簡·釋文》，北京：文物出版社，1990 年，第 29—30 頁。彭浩：《睡虎地秦墓竹簡〈倉律〉校讀（一則）》，北京大學考古文博學院編：《考古學研究（六）：慶祝高明先生八十壽辰暨從事考古研究五十年論文集》，北京：科學出版社，2006 年，第 499—502 頁。鄒大海：《從〈算數書〉和秦簡看上古糧米的比率》，《自然科學史研究》2003 年第 4 期，第 318—328 頁。鄒大海：《出土〈算數書〉校釋一則》，《東南文化》2004 年第 2 期，第 83—85 頁（作者囑：此刊印本有大量編印錯誤，正確版本見：簡帛研究網，http://www.jianbo.org/admin3/html/zhoudahai02. htm，2004 年 4 月 11 日）。鄒大海：《關於〈算數書〉、秦律和上古糧米計量單位的幾個問題》，《內蒙古師範大學學報（自然科學漢文版）》2009 年第 5 期，第 508—515 頁。

② 鄒大海先生對算題"耗程"的意見引自鄒大海先生電子郵件（2010 年 8 月 22 日）。

再從中減去 $16\frac{2}{3}$，便是"當益禾"的數量，算出來是 $7\frac{1}{7}$ 斗，這與原簡答案不合。如果原題没抄錯，則可能爲設題者搞錯了，或者在流傳過程中被改錯了。

二、對算題"粟爲米"的研究

簡文是：

☐粟一石爲米八斗二升，問米一石爲粟幾可（何）？曰：廿斗☐　【2173】

☐百廿三分斗卌爲米一石，術曰：求粟☐　　　【0137】

爲法，以十斗乘粟十六斗大半斗爲費 = （實，實）如法得粟一斗。　【0650】

（一）簡的編聯和復原方案

從現存簡文看，算題無題名，根據内容暫題爲"粟爲米"。

簡【0650】完整，參照"日本中國古算書研究會"的意見①，將簡【0650】編連入此算題。簡【2173】與簡【0137】可拼綴，斷口契合，内容連貫。拼綴後簡長度是 21.0 釐米，簡上下仍殘。《數》的完整簡全長多爲 27.5 釐米左右，上編繩下緣距離簡首多爲 1.5 釐米左右，下編繩上緣距離簡尾約 1.8 釐米左右，整簡字數多在 38—45 字。下面拼綴復原簡【2173】和簡【0137】。

鄒大海先生的意見是②：從照片看"粟一石"三字已殘缺大部分，宜先作缺字，再加注説明當作"粟一石"。簡【2173】在"粟一石"之前殘

① 日本中國古算書研究會對簡【0650】的編聯意見參照大川俊隆先生於 2010 年 8 月 19 日電子郵件。

② 鄒大海先生對簡【2173】和簡【0137】的復原意見參照鄒大海先生於 2010 年 8 月 23 日的電子郵件轉述。

斷，也不排除殘斷部分還有未知文字的可能性。在簡【0137】下段補出"以八斗二升"是符合題意的。"求粟"和"以八斗二升"之間按照《數》算題的習慣表述可補"之法""之術""者"等。鄒先生提出六種復原方案：

第一種可能：簡【2173】"粟一石"前補"稟"字，簡【0137】後補"者，以八斗二升"字，這時字距較稀了一點。

第二種可能：前簡仍補"稟"字，後簡補"也者，以八斗二升"。

第三種可能：前者補"稟"，後簡補"之法，以八斗二升"。

第四種可能：後簡補"爲米者，以八斗二升"。

第五種可能：後簡補"爲米一石者，以八斗二升"，這時文字會比較密。

第六種可能：比第五種還多補一個字："之爲米一石者，以八斗二升"。

總之，什麼情況都有可能，很難判斷哪一種有明顯的優勢。但簡【0137】末尾與簡【0650】相連的文字補作"以八斗二升"是不錯的（圖7-1）。

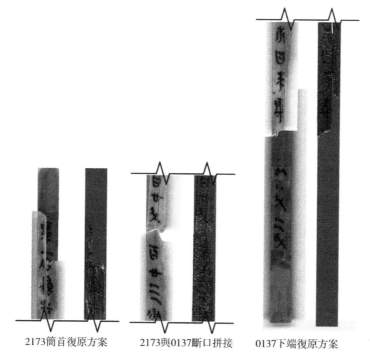

2173簡首復原方案　　2173與0137斷口拼接　　0137下端復原方案

（説明：以上圖片均爲圖7-1簡首復原圖截取的片段。圖片並列照片和紅外綫掃描片。復原方案所補出的圖形、文字均采自《數》竹簡。）

（二）演算法分析

我對此題原來的理解是，"禾粟一石爲粟穀八斗二升，問糲米一石爲禾粟幾何"。隱含已知條件"粟率五十，糲米三十"。算式是：

$$\frac{10斗}{\frac{82}{10}斗} \times 10斗 \times \frac{50}{30} = \frac{2500}{123} = 20\frac{40}{123}（斗）$$

"日本中國古算書研究會"對此題的解釋是[①]：

本題和《算數書》的舂粟題一致。題中"粟一石"是指重量一石，對應容量 50/3 斗。本來從容量 50/3 斗的粟中能取得 10 斗的米，現在因損耗祇取得 8 斗 2 升的米。問若要取得米 1 石（10 斗）需多少粟。比例式是粟 50/3 斗：米 8 斗 2 升=粟 X：米 10 斗。

鄒大海先生對此算題做了詳細解析，他的意見主要有下面幾點[②]：

（1）將《數》的這個算題跟《算數書》的舂粟題比較，這兩個問題有一致性，《數》的這個問題可以用損耗來解釋，但其文本本身和演算法本身都未及此。

《算數書》舂粟題，涉及了在標準情況下舂粟時粟和米的數量關係和在有損耗情況下舂粟的數量關係，要求的是在有損耗情況得到一石米時所需要補足的供損耗的粟。其計算過程中，都在術文之外還需要另外計算術文中的參數。而《數》的這個問題，不涉及損耗問題，其術文如果把簡【0137】損失文字補上"以八斗二升"（或類似文字）後，則術文提供的演算法是完整的。從另一個角度看，雖然從舂粟的標準比例來說，《數》這個問題中一石粟祇得八斗二升米，可以用存在損耗來理解，但不管一石粟舂出的米是八斗二升，還是別的什麼數量，祇要按正比例關係依術計算出結果來，跟損耗不損耗沒有關係。

---

① "日本中國古算書研究會"對算題"粟求米"的意見參照大川俊隆先生於 2010 年 8 月至 9 月的電子郵件轉述。

② 鄒大海先生對算題"粟求米"的意見參照鄒大海先生於 2010 年 8 月 20 日至 8 月 23 日的電子郵件轉述。

（2）《算數書》"舂粟"條中"當益耗粟幾何"前，應脱落了表示已知得到一石米這樣一個已知條件的文字，從秦簡《數》看，這個意見是有根據的，并非古人有這種省略的習慣。但是因爲在簡【0809】"今有禾，此一石舂之爲米七斗，當益禾幾可（何）？"中，也没有表示已知舂出一石米這個條件的文字，所以《算數書》中"舂粟"省去表示這個條件的文字也是可能的。不過，既然《數》簡【0809】的這個題術文不全，答案很可能不對，所以題設被抄錯或改錯的可能性也不小，因此也不能由此認定《數》和《算數書》中表示已知得到一石米的文字没有出現，一定是一種省略的方式，而不可能是流傳錯誤。

（3）秦簡《數》這個問題的方式爲：

在政府的倉儲事務中，由粟舂出的米（糲米）按通常的體積計量方式以十斗爲一石，粟則按舂出一石米所需要的粟的體積即十六斗大半斗爲一石。因此，如果假設秦簡《數》的這個問題以政府的倉儲事務爲現實背景，那麼簡【2173】和簡【0137】中"粟一石"就是粟十六斗大半斗，"米一石"即"米十斗"。因此3支簡連在一起形成的整個問題就是：

［已知］粟一石（十六斗大半斗）能得到米八斗二升，問要得到一石（十斗）米相應需要多少粟？［答］曰：［粟］廿斗又一百廿三分斗之卌能得到一石（十斗）米。術曰：要求粟［之得一石米者］，［以八斗二升］爲除數（法），以（一石米的斗數）十斗乘粟（一石的斗數）十六斗大半斗爲被除數（實），被除數中有與除數相同的部分就得到一斗（實如法得粟一斗）（或者説被除數除以除數）。

上面方括號内的文字，是爲使文意清楚而補足的，圓括號内的文字是解釋性的説明文字。

這個根據現代讀者習慣對問題做的盡量貼近原文的重寫，并不涉及粟米比率5：3，也不涉及損耗數和損耗率。術文列成算式就是：

$$10斗 \times 16\frac{2}{3}斗 \div 8斗2升$$

這是非常簡單而明確的。這個問題中的粟一石爲$16\frac{2}{3}$斗，并不是由粟米比率 5 : 3 算得，而是由粟一石的規定直接得到的，也不涉及一石重的粟體積爲十六斗大半斗的問題。從題目中的各數值之間相吻合這一點來看，這個問題中一石粟和一石米的斗數，的確符合政府倉儲事務中的標準，這説明秦簡《數》的這個問題可能是以政府倉儲事務爲現實背景的，或者這種規定中的標準在政府倉儲事務之外的一定範圍内還有采用的。

這兩個問題，反映了政府部門除采用標準的禾（粟）、米换算比例外，還根據實際情况（如糧食的成色、保存的狀况等），用數學方法解絶非標準比例狀態下的問題。

嶽麓書院藏秦簡《數》的兩例衰分類問題研究

陳松長，蕭 燦

　　嶽麓書院藏秦簡《數》中有兩例"衰分"算題，其中算題"一人負米"（簡【2082】+簡【0951】）可對《九章算術》所記糲飯之率有所糾正，算題"一人斗食"（簡【1826】+簡【1842】+簡【0898】）可與《墨子》的有關内容相對照。

一、算題"一人負米"

【釋文】

　　一人負米十斗，一人負粟十斗，負食十斗，并裹而分之，米、粟、食各取幾可（何）？曰：米取十四斗七分斗二˪，粟八斗七分〔斗〕☒　【2082】

　　四，食取七斗七分一，食二斗當米一斗。　　【0951】

據題意和文例，"負食十斗"可補爲"〔一人〕負食十斗"；"食取七斗七分一"可補爲"食取七斗七分〔斗〕一"

簡文中的"食"存在兩種解釋：①"食"是"糲飯"。但《九章算術》的"粟米之法"中的糲飯比率爲75（當糲米爲30時），爲糲米的兩倍半而非兩倍。此算題中"食"與"米"之比爲2：1。②"食"指"稻"。《九章算術》的"粟米之法"中稻與糲米之比正是2：1。

鄒大海先生認爲①，這個問題中的"食"不是稻，并懷疑《九章算術》糲飯之率75是錯的。因爲粺飯、糳飯、御飯之率都分別是粺米、糳米、御米的二倍，糲和粺的精度相差并不大，不太可能糲飯率比其他的高那麼多。不過，這個錯誤是一個系統性的錯誤，因爲它在粟米章的開頭"粟米之法"及以後的算題中都是一致的。鄒先生認爲《九章算術》中的糳米、糳飯之率24、48，應是毇米、毇飯之率②。

此題演算法的思路是，先把粟、米、食三者中兩個對第三個的比例化爲在第三個的相當量相同情況下的比例，然後用返衰術求之：（例如讓粟和米的比例、食和米的比例中的米具有相同的數量）粟：米=5：3，食：米=2：1=6：3，那麼粟：米：食=5：3：6，即爲三者之衰，三者相乘爲90，除以5，得到負粟者應分得數量的衰爲18，除以3得到負米者應分得數量的衰爲30，除以6得到負食者應分得數量的衰爲15。然後用衰分術求解。（約分得到負米、負粟、負食者應得數量之衰爲10：6：5）依術計算如下：

負米者　　$\dfrac{10}{10+6+5} \times (10+10+10) = 14\dfrac{2}{7}$　（斗）

負粟者　　$\dfrac{6}{10+6+5} \times (10+10+10) = 8\dfrac{4}{7}$　（斗）

負食者　　$\dfrac{5}{10+6+5} \times (10+10+10) = 7\dfrac{1}{7}$　（斗）

鄒大海先生認爲，此題應屬於衰分大類中的返衰類問題。它與《九章算術》"衰分"章的"今有甲持粟三升，乙持糲米三升，丙持糲飯三升。

---

① 據鄒大海先生電子郵件（2010年5月24日）。

② 鄒大海：《從〈算數書〉和秦簡看上古糧米的比率》，《自然科學史研究》2003年第4期，第318—328頁。

欲令合而分之，問各幾何?"是完全同型的問題，方法也應是同種方法[1]。

二、算題"一人斗食"

【釋文】

一人斗食，一人半食，一人參食，一人駟食，一人駊食，凡五人，有米一石☒　　【1826】

☒欲以食數分之，問各得幾可（何）？曰：斗食者得四斗四升【1842】

九分升四∟，半食者得一（二）斗二升九分升二∟，參食者一斗四升廿七分升廿二，駟食者一斗一升九分升一∟，駊食者七升　　【0898】

簡文中"參"指三分之一，"駟"指四分之一，"駊"指六分之一。李學勤先生指出，"駊"表示六分之一這點應與"天子駕六"有關[2]。據《尚書正義》卷七《五子之歌第三》注疏："《春秋·公羊》說天子駕六，《毛詩》說天子至大夫皆駕四，許慎案《王度記》云天子駕六，鄭玄以《周禮》校人養馬，'乘馬一師四圉'，四馬曰乘，《康王之誥》云'皆布乘黃朱'，以爲天子駕四。漢世天子駕六，非常法也。"[3]

計算如下：

斗食者 $\dfrac{1}{1+\dfrac{1}{2}+\dfrac{1}{3}+\dfrac{1}{4}+\dfrac{1}{6}}\times10$（斗）$=\dfrac{120}{27}=4\dfrac{4}{9}$（斗）　即4斗4$\dfrac{4}{9}$升

半食者 $\dfrac{\dfrac{1}{2}}{1+\dfrac{1}{2}+\dfrac{1}{3}+\dfrac{1}{4}+\dfrac{1}{6}}\times10$（斗）$=\dfrac{60}{27}=2\dfrac{2}{9}$（斗）　即2斗2$\dfrac{2}{9}$升

---

[1] 據鄒大海先生電子郵件（2010年5月24日）。

[2] 據李學勤先生在嶽麓書院蕭燦博士學位論文答辯會上的論述（2010年12月2日）。

[3] 李學勤主編：《十三經注疏·尚書正義》，北京：北京大學出版社，1999年，第178頁。

$$參食者 \dfrac{\dfrac{1}{3}}{1+\dfrac{1}{2}+\dfrac{1}{3}+\dfrac{1}{4}+\dfrac{1}{6}} \times 10（斗）= \dfrac{40}{27} = 1\dfrac{13}{27}（斗）\quad 即1斗4\dfrac{22}{27}升$$

$$馴食者 \dfrac{\dfrac{1}{4}}{1+\dfrac{1}{2}+\dfrac{1}{3}+\dfrac{1}{4}+\dfrac{1}{6}} \times 10（斗）= \dfrac{30}{27} = 1\dfrac{3}{27}（斗）\quad 即1斗1\dfrac{1}{9}升$$

$$駃食者 \dfrac{\dfrac{1}{6}}{1+\dfrac{1}{2}+\dfrac{1}{3}+\dfrac{1}{4}+\dfrac{1}{6}} \times 10（斗）= \dfrac{20}{27}（斗）\quad 即7\dfrac{11}{27}升$$

據此，簡【0898】的後續簡文字可能是"廿七分升十一"。

此題可對照《墨子·雜守》："斗食，終歲三十六石；參食，終歲二十四石；四食，終歲十八石；五食，終歲十四石四斗；六食，終歲十二石。斗食食五升，參食食參升小半，四食食二升半，五食食二升，六食食一升大半，日再食。"[①]

鄒大海先生指出，《墨子》"雜守"篇的斗食、參食、四食、五食、六食，實際是以1斗所吃的餐數命名的[②]，比《數》少半食，而多五食。《數》的斗食、半食、參食分別爲每餐一斗、二分之一斗、三分之一斗；馴食、駃食對應於《墨子》的四食、六食，分別爲每餐四分之一斗、六分之一斗。上述計算方法，可轉化爲返衰問題來處理，如按《九章算術》返衰術，先計算斗食者、半食者、參食者、馴食者、駃食者所得之衰爲（2×3×4×6=）144、（1×3×4×6=）72、（1×2×4×6=）48、（1×2×3×6=）36、（1×2×3×4=）24，然後用衰分術求解。

① （清）孫詒讓撰，孫啓治點校：《墨子間詁》卷15《襍守第七十一》，北京：中華書局，2001年，第626頁。

② 鄒大海：《中國數學的興起與先秦數學》，河北：河北科學技術出版社，2001年，第123頁。

秦漢土地測算與數學抽象化——基於出土文獻的研究

蕭　燦

　　中國古代數學注重實用性，這已是共識，但數學本身具有抽象性特質，也是毋庸置疑的。那麼，中國古代數學是如何處於實用性與抽象性之間的呢？它的抽象化過程是怎樣的？起於何時？在秦漢及更遠的時代，真的衹有"實用演算法式"數學嗎？傳世文獻裏，先於《九章算術》形成的年代，有關數學的材料十分稀少，衹能從《考工記》《墨經》等文獻裏探尋數學發展的踪迹，而諸多出土文獻的整理公布，爲我們提供了中國早期數學發展的新材料。本文將以部分出土文獻裏保存的有關土地管理與測算的材料作爲研究的切入點，這是因爲土地管理與測算是秦漢時期官吏的一項重要工作，此工作是必須運用數學的，并且這方面的材料也很多。下面將討論到的有這樣一些文獻：青川秦墓木牘《爲田律》、張家山二四七號漢墓竹簡《二年律令·田律》和《算數書》、嶽麓書院藏秦簡《數》、香港中文大學文物館藏簡牘《河堤簡》。

　　不妨先對這幾批出土文獻做一簡述：

　　（1）青川秦墓木牘《爲田律》[①]。

---

① 胡平生：《青川秦墓木牘"爲田律"所反映的田畝制度》，《文史》第 19 輯，北京：中華書局，1983 年，第 216—221 頁。

1979 年出土於四川省青川縣的戰國古墓群，共兩件，其一殘損不易辨識，其一清晰可讀，記載的是一項土地政策。據木牘起首文字"二年十一月己酉朔朔日，王命丞相戊，内史匽民、臂，更修《爲田律》"推斷，應爲秦武王二年（前 309 年）律令。

（2）張家山二四七號漢墓竹簡《二年律令·田律》[①]和《算數書》[②]。

1984 年，於湖北省江陵縣（今荊州市荊州區）張家山二四七號漢墓出土一批竹簡，有一千二百餘枚，保存有《二年律令》《奏讞書》《蓋廬》《脈書》《引書》《算數書》、曆譜和遣册，這些竹簡應與墓主人生前工作職責有關。《二年律令》共有竹簡五百二十六枚，推斷爲吕后二年（前 186 年）施行的法令，其中的《田律》記載了田畝制度。《算數書》的成書年代下限應不晚於西漢吕后時期，共有一百九十枚竹簡，其中與土地測算有關的是：啓廣、啓縱、少廣、大廣、方田、里田。

（3）嶽麓書院藏秦簡《數》[③]。

湖南大學嶽麓書院於 2007 年 12 月在香港古董市場收購一批秦簡，它的形成時間不遲於秦始皇三十五年（前 212 年）。這批簡包含《質日》《爲吏治官及黔首》《夢書》《數》《奏讞書》《秦律雜抄》《秦令雜抄》。其中《數》裏關於土地測算内容有：里田術、[啓]田之術、箕田、周田術，以及計算矩形、圓形、梯形土地面積的算題。

（4）香港中文大學文物館藏簡牘《河堤簡》[④]。

2001 年香港中文大學文物館出版了《香港中文大學文物館藏簡牘》，該書收錄了文物館歷年收購的 240 枚簡牘的照片，并有陳松長先生做的釋文和簡要考證。在這批簡牘中有一批内容與河堤相關的簡牘，整理者稱爲《河堤簡》。

---

① 張家山二四七號漢墓竹簡整理小組編著：《張家山漢墓竹簡（二四七號墓）》（釋文修訂本），北京：文物出版社，2006 年。

② 彭浩：《張家山漢簡〈算數書〉注釋》，北京：科學出版社，2001 年。

③ 朱漢民、陳松長主編：《嶽麓書院藏秦簡（貳）》，上海：上海辭書出版社，2011 年。

④ 彭浩：《河堤簡校讀》，《考古》2005 年第 11 期，第 71—75 頁。

在分析這些材料時，我們注意到一個詞："田"，它在律令文書裏的所指與在數學書裏的所指有着微妙的差異，通過分析這種差異，我們推斷：中國秦漢時期的數學并不僅僅是實用演算法式數學，而是存在一定程度的抽象性。

首先看青川秦牘《爲田律》所反映的田畝制度：

> 田廣一步、袤八則，爲畛。畝二畛，一百（陌）道。百畝爲頃，一千（阡）道。道廣三步。封高四尺，大稱其高。捋（埒）高尺，下厚二尺。以秋八月修封捋（埒），正彊（疆）畔，及癹千（阡）百（陌）之大草。[①]

胡平生先生指出：在此條律令裏，"則"是量詞，1 則=30 步，依據是 1977 年在安徽阜陽雙古堆西漢汝陰侯夏侯灶墓中出土了一批竹簡，其中一片殘簡上有"卅步爲則"的記載。漢字"測"最初的來源可能就是量詞"則"。而"畛"若解釋爲田區，那麼《爲田律》規定的田畝制度是：1 畝=2 畛=2×1 步×8 則=480 平方步。因爲秦漢每尺約 0.23 米，所以，1 畛≈457 平方米，1 畝≈914 平方米。秦武王二年（前 309 年），距秦孝公十二年（前 350 年）商鞅變法已有四十一年。新的《爲田律》把商鞅擴大的畝制再擴大了一倍。擴大畝制可以增加國家的稅收，因此秦武王有可能這麼做。然而，我們今天見到的傳世文獻裏，僅有"秦田二百四十步"的記載，而沒有"田廣一步、袤八則，爲畛，畝二畛"的記載。[②]

接着再看張家山漢簡《二年律令·田律》所反映的田畝制度：

> 田廣一步，袤二百卌步，爲畛，畝二畛，一佰（陌）道；百畝爲頃，十頃一仟（阡）道，道廣二丈……【248】[③]

在這條律令裏，如果解釋"畛"爲田界，就符合了 1 畝=240 步。

---

① 胡平生：《青川秦墓木牘"爲田律"所反映的田畝制度》，《文史》第 19 期，第 216 頁。

② 胡平生：《青川秦墓木牘"爲田律"所反映的田畝制度》，《文史》第 19 期，第 216—221 頁。

③ 張家山二四七號漢墓竹簡整理小組編著：《張家山漢墓竹簡（二四七號墓）》（釋文修訂本），北京：文物出版社，2006 年，第 42 頁。

　　至今學者們對這兩條律令的解釋仍存在很多分歧，諸如"阡""陌""畛"的定義、"畝"的具體形制等問題。不過，我在這一步分析祇需要肯定的是：《爲田律》和《二年律令·田律》涉及的關於"田"的數學計算是對用於種植的土地的計算，毫無疑問是"實用性"的。

　　接下來節録幾條《河堤簡》簡文：

　　　　宜成堤凡三百二十三里二十六步，積七十一萬九千六百一十〔八步〕，·凡堤能治者九百二十一里二百四十步，積三百一十八萬一千八百一十二步，爲田一百三十二頃五十七畝百九十二步。·醴陽江堤三十九里二百二十二步，·凡堤不能治者三百二十一里二百二十七步，·大凡千二百八十三里八十九步，【222 正面】

　　　　實三百一十八〔萬〕方一千八百一十二步。·三百人分之，人得四十四畝四十六步有（又）三百分步七十二。〔醴陽〕堤三十九里二百二十二步。【222 背面】①

　　這些簡文所記載的可能是西漢早期南郡匯集的各縣把河堤修治工程按人口分配的情況。這其中的數學計算當然也是"實用性"的，其中的"田"是指的實實在在的土地。

　　然後我們選出幾條張家山漢簡《算數書》和嶽麓書院藏秦簡《數》裏關於"田"的算題，與前面的律令文書裏的"田"的含義作比較，看看有何變化。

　　　　方田　　田一畝方幾何步」？曰：方十五步卅（三十）一分步十五。术（術）曰：方十五步不足十五步，方十六步有徐（餘）十六步。曰：并贏（盈）、不足以爲法」，不足【185】子乘贏（盈）母，贏（盈）子乘不足母，并以爲實。復之，如啓廣之术（術）。【186】（《算數書》）②

　　　　廣十五步大半＝（半）步，從（縱）十六步少半＝（半），成田卅二步卅六分步五。述（術）曰：同母，子相從，以分子相乘。【0829】

---

① 彭浩：《河堤簡校讀》，《考古》2005 年第 11 期，第 72 頁。

② 彭浩：《張家山漢簡〈算數書〉注釋》，北京：科學出版社，2001 年。

（《數》）

箕田曰：并舌壇步數而半之，以爲廣，道舌中丈徹壇中，以爲從（縱），相乘即成積步。【0936】（《數》）

周田述（術）曰：周乘周，十二成一；其一述（術）曰，半周半徑，田即定，徑乘周，四成一；半徑乘周，二成一。【J07】（《數》）①

在這些算題中，我們發現一個問題：在律令文書裏，“田”是用於種植的土地，對於這樣的土地，“方田”（矩形的田）是很尋常的，“箕田”（梯形的田）也很可能，但是“周田”（圓形的田）會有嗎？或者常見嗎？官吏在實際工作中常遇到圓形田地的計算問題嗎？田地形狀規整平直，這很尋常，形狀歪斜曲折也不少見，但正圓形就不尋常了。那麼，在當時的數學書裏爲什麼會收錄關於圓形田地的計算方法和例題呢？數學書的編纂者是根據實際工作需要編訂書的內容，還是根據數學知識體系編訂書呢？雖然沒有證據證明當時一定有還是沒有圓形田地，但我認爲，不論是在古代還是在現代，即使“周田”（圓形的田）以及接近圓形的田偶爾會有，却絕不是常見的，所以單從實用的角度説，秦漢時期數學書的作者或編纂者從實際需要的角度想到要給出圓形田地計算方法的可能性是很低的。那時的數學書之所以有“周田述（術）”及例題，主要原因還是爲了描述圓形的面積計算方法，此中的“田”未必是指的實際用於種植的土地，而更偏向於虛指的面積概念。“田”作爲虛指的面積概念出現在早期數學文獻裏，典型的例子也見於《九章算術》劉徽注所記載的“割圓”求圓周率的方法裏：“……倍之，爲分寸之二百一十，即九十六觚之外弧田九十六所，謂以弦乘矢之凡冪也……”②此處“田”指的圓的內接正 96 邊形之外的 96 塊弓形面積，當然不是指實際用於耕種農作物的田地。可見在秦漢數學書裏，“田”的含義由具體事物轉而指向抽象的形和面積概念，這顯然是數學抽象化的一種表現。

① 朱漢民、陳松長主編：《嶽麓書院藏秦簡（貳）》，上海：上海辭書出版社，2011年，第 9、11 頁。

② 郭書春譯注：《九章算術譯注》，上海：上海古籍出版社，2009 年，第 50 頁。

另外，秦漢數學書裏的"少廣"算題也可能是純粹數學意義上的運算，與實際生活關係不大。"少廣"算題在嶽麓書院藏秦簡《數》、張家山漢簡《算數書》《九章算術》裏都有，内容大致相同。現節録《數》的"少廣"算題部分内容如下：

> 少廣。下有半，以爲二，半爲一，同之三，以爲法。赤〈亦〉直（置）二百卌步，亦以一爲二，爲四百八十步，除，如法得一步，爲從（縱）百六十【0942】
>
> ……（其餘"下有四分"、"下有五分"等簡文從略。）
>
> 下有十分，以爲二千五百廿∟，半爲千二百六十∟，三分爲八百卌∟，四分爲六百卅∟，五分爲五百四，六分爲四百廿，七分爲三百六十，八分【0958】爲三百一十五∟，九分爲二百八十∟，十爲二百五十二，同之七千三百八十一，以爲法，直（置）二百卌步，亦以一爲二千五百廿，凡六十萬四千八百，除【0789】之，如法得一步，爲從（縱）八十一步有（又）七千三百八十一分步之六千九百卅九，成田一畝。【0855】①

算題表述的計算式如下：

$$纵 = \frac{240}{1+\frac{1}{2}} = \frac{240 \times 2}{2+1} = \frac{480}{3} = 160 \text{（步）}$$

……

$$纵 = \frac{240}{1+\frac{1}{2}+\frac{1}{3}+\frac{1}{4}+\frac{1}{5}+\frac{1}{6}+\frac{1}{7}+\frac{1}{8}+\frac{1}{9}+\frac{1}{10}} = \frac{604800}{7381} = 81\frac{6939}{7381} \quad \text{（步）}$$

所謂"少廣"，即九數之一。李淳風注《九章算術》這樣解釋"少廣"："一畝之田，廣一步，長二百四十步。今欲截取其從少，以益其廣，故曰少廣。"李籍云："廣少從多"，"截從之多，益廣之少，故曰少廣。"郭

---

① 朱漢民、陳松長主編：《嶽麓書院藏秦簡（貳）》，上海：上海辭書出版社，2011年，第22、24頁。

書春教授推斷"少廣"本意是"小廣"①。據此，我們將"少廣"算題演算法表示爲圖 9-1（以《數》【0942】簡所記算題爲例）：

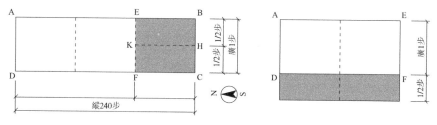

圖 9-1　　"少廣"算題演算法

圖 9-1 所示爲面積 1 畝的田 ABCD，原廣 1 步，縱 240 步，現將 BCFE 段截取，一分爲二，補在 AEFD 段，則新形成的田廣就是（$1+\dfrac{1}{2}$）步，求縱，得 160 步。這是"下有半"的情況，接下來是"下有三分""下有四分"……直至"下有十分"。當"下有十分"時，田的"廣"爲

（$1+\dfrac{1}{2}+\dfrac{1}{3}+\dfrac{1}{4}+\dfrac{1}{5}+\dfrac{1}{6}+\dfrac{1}{7}+\dfrac{1}{8}+\dfrac{1}{9}+\dfrac{1}{10}$）步，即《數》【0958】簡、【0789】簡、【0855】簡所記。

這類"少廣"算題演算法是如何在實際生活中得到運用的呢？看算題文字内容，當是關於田地測算的，但我們很難想象在實際測量或分配田地時會遇到這類數據：田地邊長爲（$1+\dfrac{1}{2}+\dfrac{1}{3}+\dfrac{1}{4}+\dfrac{1}{5}+\dfrac{1}{6}+\dfrac{1}{7}+\dfrac{1}{8}+\dfrac{1}{9}+\dfrac{1}{10}$）步，以及這一系列的數據。可以説，"少廣"算題是爲計算而計算，祇有純粹數學意義，這也就説明秦代數學已具有一定的抽象性。

但是也存在另一種看法："少廣"的系列算題可能是爲了提供給人們多種形態的"畝制"。我們已知秦漢時期的畝制爲廣 1 步、縱 240 步的"長條畝"，這樣的"長條畝"制度在實際測量田地時必有諸多不便，"少廣"算題給出了"縱"不足 240 步時的多種畝制，以供測量田地的實際需要，就好比我們用天平稱量時用到多種規格的砝碼。

---

① 郭書春譯注：《九章算術譯注》，上海：上海古籍出版社，2009 年，第 117 頁。

《嶽麓書院藏秦簡（貳）》釋讀札記

蕭　燦

　　2011 年底出版的《嶽麓書院藏秦爲簡（貳）》收録了一册秦代數學文獻，原竹簡上記有書名《數》。此文獻爲我們瞭解中國早期數學提供了很多新材料。因整理、注釋等工作十分倉促，書中頗多存疑與疏漏，本文將提及其中幾點，求教於諸位學者。

一、"箕田"算題的注釋

　　《數》的"箕田"算題原簡文是："箕田曰：并舌幢步數而半之，以爲廣，道舌中丈徹幢中，以爲從（縱），相乘即成積步。【0936】"文中"幢"通"踵"。《嶽麓書院藏秦簡（貳）》的注釋提到："此題中，箕田爲等腰梯形田地。"注釋所附圖示也是繪製的等腰梯形。[①]

　　我們審視算題原文，并没見到任何字詞明示這一梯形田地是等腰梯形，此注釋有些不妥。郭書春教授在《九章筭術譯注》裏對"箕田"的

[①] 朱漢民、陳松長主編：《嶽麓書院藏秦簡（貳）》，上海：上海辭書出版社，2011年，第 67 頁。

－ 82 －

注釋是："形如簸箕的田地，即一般的梯形。"①再參看《九章算術》的箕
田算題"今有箕田，舌廣二十步，踵廣五步，正從三十步。問：爲田幾
何？答曰：一畝一百三十五步。又有箕田，舌廣一百一十七步，踵廣五
十步，正從一百三十五步。問：爲田幾何？答曰：四十六畝二百三十二
步半。術曰：并踵、舌而半之，以乘正從。畝法而一。"其中的"舌廣"
"踵廣"分別是梯形的上下底，"正從（縱）"即梯形的高，"正"字更强
調了"從（縱）"與"廣"的垂直特性，所給出的求解面積的方法"并踵、
舌而半之，以乘正從（縱）"寫成算式"（踵+舌）÷2×正從"，等價於
現今我們熟悉的一般梯形面積公式"（上底+下底）÷2×高"，劉徽爲《九
章算術》作注時進而指出："中分箕田則爲兩邪田，故其術相似。又可并
踵、舌，半正從以乘之。"更明確區分"箕田"與"邪田"。所謂"邪田"
的形狀，就是指一條側邊與上下底邊垂直的梯形，《九章算術》裏也有
關於"邪田"的算題。②這就是説，《九章算術》裏的"箕田"指的是
一般梯形，而不是某種特殊梯形，因此，解釋"箕田"爲等腰梯形是不
恰當的。

我們爲書作注時之所以解釋"箕田"爲等腰梯形，有兩個原因：一
是認爲簡文所記的演算法必定正確；二是對"道舌中丈徹䠂（踵）中，
以爲從（縱）"一句的理解有偏差。簡文給出的"箕田"面積演算法是：
"（舌+䠂）÷2×從"，要使得此演算法正確，那麼"道舌中丈徹䠂（踵）
中，以爲從（縱）"這一步驟求得的量必須是梯形的高。若假定此處"箕
田"爲等腰梯形，則從上底中點到下底中點的連綫正是梯形的高，如此
則簡文所述演算法正確。但問題在於"中"不一定指中點，"舌中""䠂
（踵）中"可能指"舌""䠂（踵）"（上下底邊）的任意一點，且"箕
田"應是一般梯形，那麼"道舌中丈徹䠂（踵）中"求得的量很難恰是
梯形的高，《數》記載的"箕田"面積演算法就不准確。除非能證明，"道
舌中丈徹䠂（踵）中，以爲從（縱）"表示了所求"從（縱）"垂直於"舌"

① 郭書春譯注：《九章筭術譯注》，上海：上海古籍出版社，2009年，第38頁。
② 郭書春譯注：《九章筭術譯注》，上海：上海古籍出版社，2009年，第36—39頁。

"疃（踵）"兩底邊的含義。"道"在書中注釋爲"從""由"，或可解釋爲"方法"，文意也是通順的。"丈徹"，書中注釋"丈，丈量。徹，通，穿。"文意即從"舌中"的一點開始測量，穿過田地直到"疃（踵）中"的一點，但"丈徹"是否有垂直底邊的含義，尚未在已知的古算書裏發現佐證。法國林力娜教授（Prof. Karine Chemla）提出，如果在中國古算書裏（或者至少在秦漢時期的算書裏），"廣"指嚴格意義上的東西向長度，"縱"指嚴格意義上的南北向長度，則"廣""縱"間存在垂直關係，假若有這一前提條件，那麼簡文"并舌疃步數而半之，以爲廣，道舌中丈徹疃中，以爲從（縱）"就已包含了垂直關係，演算法成立。[①]可是此說仍然缺乏證據，雖然"東西爲廣，南北爲縱"多有書證，但是"廣""縱"的定義并不如"經""緯"般確切，不能斷定古算書裏的術語"廣"與"縱"之間暗含垂直關係。

二、"少廣"算題的意義

《數》有"少廣"算題，張家山漢簡《算數書》和《九章算術》也都有，内容大致相同。現節錄《數》的"少廣"算題部分内容如下：

少廣。下有半，以爲二，半爲一，同之三，以爲法。赤〈亦〉直（置）二百卌步，亦以一爲二，爲四百八十步，除，如法得一步，爲從（縱）百六十【0942】

……（其餘"下有四分""下有五分"等條從略。）

下有十分，以爲二千五百廿乚，半爲千二百六十乚，三分爲八百卌乚，四分爲六百卅乚，五分爲五百四，六分爲四百廿，七分爲三百

① 林力娜教授（Prof.Karine.Chemla）提出的觀點。歐盟科研項目 SAW（European Research Council Project：Mathematical Sciences in the Ancient World）學術研討會，巴黎，2012 年 5 月 16 日。

六十，八分【0958】爲三百一十五ㄴ，九分爲二百八十ㄴ，十爲二百五十二，同之七千三百八十一，以爲法，直（置）二百卌步，亦以一爲二千五百廿，凡六十萬四千八百，除【0789】

之，如法得一步，爲從（縱）八十一步有（又）七千三百八十一分步之六千九百卅九，成田一畝。【0855】①

寫出算題敍述的計算式如下：

$$從（縱）=\frac{240}{1+\dfrac{1}{2}}=\frac{240\times2}{2+1}=\frac{480}{3}=160（步）$$

……

$$從（縱）=\frac{240}{1+\dfrac{1}{2}+\dfrac{1}{3}+\dfrac{1}{4}+\dfrac{1}{5}+\dfrac{1}{6}+\dfrac{1}{7}+\dfrac{1}{8}+\dfrac{1}{9}+\dfrac{1}{10}}=\frac{604800}{7381}=81\frac{6939}{7381}（步）$$

所謂“少廣”，即九數之一。李淳風注《九章算術》這樣解釋“少廣”：“一畝之田，廣一步，長二百四十步。今欲截取其從少，以益其廣，故曰少廣。”李籍云：“廣少從（縱）多”，“截從之多，益廣之少，故曰少廣。”郭書春教授推斷“少廣”本意是“小廣”。②據此，我們將“少廣”算題演算法表示爲圖10-1（以《數》簡【0942】所記算題爲例）③：

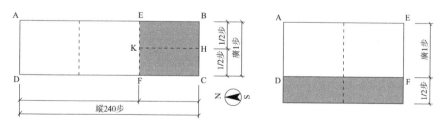

圖10-1 “少廣”算題演算法

---

① 朱漢民、陳松長主編：《嶽麓書院藏秦簡（貳）》，上海：上海辭書出版社，2011年，第22—24頁，第119—124頁。

② 郭書春譯注：《九章筭術譯注》，上海：上海古籍出版社，2009年，第117頁。

③ 此示意圖根據林力娜教授（Prof. Karine Chemla）和朱一文博士提出的觀點繪製。

圖 10-1 所示爲面積 1 畝的田 ABCD，原廣 1 步，縱 240 步，現將 BCFE 段截取，一分爲二，補在 AEFD 段，則新形成的田廣就是（$1+\dfrac{1}{2}$）步，求縱，得 160 步。

這是"下有半"的情況，接下來是"下有三分""下有四分"……直至"下有十分"。當"下有十分"時，田的"廣"爲（$1+\dfrac{1}{2}+\dfrac{1}{3}+\dfrac{1}{4}+\dfrac{1}{5}+\dfrac{1}{6}+\dfrac{1}{7}+\dfrac{1}{8}+\dfrac{1}{9}+\dfrac{1}{10}$）步，即《數》簡【0958】、【0789】、【0855】所記。

中國古代數學注重實用性，這是學界共識。那麼這類"少廣"算題是如何在實際生活中得到運用的呢？看算題文字內容，當是關於田地測算的，但我們很難想象在實際測量或分配田地時會遇到這類數據：田地邊長爲（$1+\dfrac{1}{2}+\dfrac{1}{3}+\dfrac{1}{4}+\dfrac{1}{5}+\dfrac{1}{6}+\dfrac{1}{7}+\dfrac{1}{8}+\dfrac{1}{9}+\dfrac{1}{10}$）步，以及這一系列的數據。彭浩教授認爲秦漢數書裏的"少廣"算題是純粹數學意義上的運算，與實際生活關係不大。[①]如依此說，則秦代數學已具有一定的抽象性，而并非衹有實用性。但是也存在另一種看法："少廣"的系列算題可能是爲了提供給人們多種形態的"畝制"。我們已知秦漢畝制爲廣 1 步、縱 240 步的"長條畝"，這樣的"長條畝"制度在實際測量田地時必有諸多不便，"少廣"算題給出了"縱"不足 240 步時的多種畝制，以供測量田地的實際需要，就好比我們用天平稱量時用到多種規格的砝碼。[②]

三、除法表達方式

古算書裏，除法的表達有兩個關鍵術語："實""法"。"實"指被除數，"法"指除數。《數》裏的除法表達方式可分三類：

---

① 據彭浩先生的意見，2012 年 5 月 7 日電話。

② 朱一文博士提出的觀點。歐盟科研項目 SAW 學術研討會，2012 年 5 月 23 日。

（1）"實""法"均未指明，然後説"令……而成一"“……成一"，
“……而成一"之類，例如：

> 方亭，乘之，上自乘，下自乘，下壹乘上，同之，以高乘之，
> 令三而成一。【0830】

（2）術文指明"法"，未指明"實"，但對"實"的演算法作了描述。
然後説"即除……而得……""除，實如法一步""令……而成一步""如
法而成一""如法而一步"之類，例如：

> 以所券租數爲法，即直（置）與田步數，如法而一步，不盈步
> 者，以法命之。【0816】

（3）術文指明"法"與"實"，然後説"如法一步""如法一兩""如
法一斗""如法得一戟""如法得衺一尺""（實）如法得一""如法而一"
之類，例如：

> 取禾程述（術），以所已乾爲法，以生者乘田步爲實＝（實，實）
> 如法一步。【0887】

第 1 類表述實例較少，第 2、3 類實例較多，據此推測在《數》成書
之時，第 2、3 類表述是常用除法表述模式。《數》現存算題中未發現指
明"實"而未指明"法"的情況（張家山漢簡《算數書》中也僅見兩
例），這説明當時的除法表述更注重對"法"的界定。關於古代算書的
數學表達方式，郭書春教授已做過詳細論述[1]，當然其中也包括除法的
表達方式。

而更讓我們關注的是所有除法表達的末句，諸如"（實）如法得一"
之類，它們究竟表達了怎樣一種數學思維呢？不妨打個比方，假定被除
數（實）是一池水，除數（法）是一個桶，"（實）如法得一"之類的表
述就是將池裏的水注入桶裏，滿一桶，則計數"一"，如此下去，注滿多
少桶水，則計數"一"多少次，最後不滿一桶了，就用分數表示，記爲
幾分之幾桶。例如【0816】簡所記："如法而一步，不盈步者，以法命之。"

---

[1] 郭書春：《試論〈算數書〉的數學表達方式》，《中國歷史文物》2003 年第 3 期，
第 28—38 頁。

就是類似的含義。

這種思維模式是將除法變成多次減法，看似很笨拙，但我們以爲這一演算法可能非常適合現代計算機的運算，它絕對不是一種落後的數學思維。化除法爲減法，劣勢在於運算次數增加，而對於現代計算機而言，這一劣勢是不存在的，例如 2010 年國防科技大學研製的"天河一號"計算機系統，峰值性能達到每秒 4700 萬億次[①]，在這種運算速度下，化除法爲減法所造成的麻煩完全可以忽略不計。

那麼化除法爲減法的優勢何在呢？我們與計算機應用技術專業的專家討論了這一中國古代數學思想，結論是：化除法爲加法（減法可視爲加法，即加負數），對計算機而言，應當是一種優化演算法。"事實上，現代計算機的中央處理器 CPU 內部并沒有按與數學中四則運算一一對應的原則來構造元件。而是借用二進制補碼運算，將減法轉變成加法規則完成；同時，將乘法運算轉變成移位與加法運算，如 $a \times 3 = a \times (2+1) = a \times 2 + a \times 1$，其中乘以 2 的 n 次方運算均可轉換成移位運算，這樣，乘法便轉換成了移位與加法運算；同樣的道理，如果能將除法運算轉化爲減法加移位，如前所述，除法運算也就可以按加法和移位的動作來完成。這樣做的最大優勢是將所有的運算最後都歸結成加法及移位操作，也就是説計算機內部除了加法器、移位器，不用額外出現減法器、乘法器和除法器，這對縮小集成電路的規模有着決定性的意義。"[②]

數學的發展有兩個方向：一是"算"，一是"證"。中國古代數學精於"算"，西方數學着力於"證"。近現代，西方數學占據絕對優勢地位，是科技發展的支撐，但是現今的計算機時代，"演算法"復爲重點，中國古算的思想或能爲今時所用，再現光彩。

---

① 《中國天河一號電腦運算速度破世界紀錄》，鳳凰網，2010 年 10 月 29 日，http://news.ifeng.com/mainland/detail_2010_10/29/2934286_0.shtml。
② 此段論證由蕭赤心博士撰寫。

試析《嶽麓書院藏秦簡》中的工程史料

蕭　燦

　　秦，在工程方面有重要成就，應有完備的管理制度。近年發現、公布的各批次秦簡中有很多資料能證實秦制度文化之發達，而傳世文獻的史文記載却那樣粗略，難怪學者感歎："此又尤爲不可解者。"①可惜出土文獻提供的資料雖不少，却仍難據以釐清秦制全貌，衹能就已有證據入其隅隩、窺見一斑。本文試就嶽麓書院藏秦簡已公布的内容對秦工程管理制度論説一二。

一、嶽麓書院藏秦簡《數》中的工程史料分析

　　秦實行"以吏爲師"的"學吏"制度。張金光先生在《秦制研究》中指出，秦漢吏分文武，文吏的業務主要是：能書；能辦理官、民事務；曉知律令。居延漢簡吏員登記册上都注明某吏"能書、會計、治官民，

① 張金光：《秦制研究》，上海：上海古籍出版社，2004年，第3頁。

頗知律令。"此乃概括了對於文吏業務上的總要求。①工程，當是官、民事務的重要項目，"學吏"的學徒們就此事項需要學習相關的數學知識和律令。嶽麓書院藏秦簡中保存的一部數學書，名爲《數》，整理者判斷爲秦時數學教本②，更準確地説，應是"學吏"的數學教本，屬"文吏之學"。以往學者總結秦時"學吏"教本，多列三類：識字和學書教本、吏德教本、法律教本，未提及還應有數學教本，若無此，就做不到"會計"，難以勝任測量田地、收取租税、管理倉儲、修築工程、征發徭役等事務。嶽麓秦簡《數》中有很多工程計算内容，如城、堤、方亭、圓亭、除（墓道）等算題，"土木石工程的興發，應屬於'戍漕轉作'四大徭役中的'作'一類③。而在睡虎地秦簡《徭律》裏我們見到，秦的縣級政府要負責轄境内禁苑、公馬牛苑、垣籬、官府公舍等的修繕，專門的官吏和技術人員就必須懂得如何計算工程量，并據此徵發分派徭役，如《徭律》："度攻（功）必令司空與匠度之，毋獨令匠。"④《數》中有幾例關於"城"的算題，特別能體現工程計算與徭役征發之間的關係，釋文引録如下：

> 城止深四尺，廣三丈三尺，袤二丈五尺，積尺三千三百。述（術）
> 曰：以廣乘袤有（又）乘深即成⌐。唯築城止與此等。（【1747】）
>
> 城下厈（厚）三丈，上厈（厚）二丈，高三丈，袤丈，爲積尺
> 七千五百尺。（【0996】）⑤

依簡文所述，"城止"（城的地基）的長度衹有"二丈五尺"，"城"的長度衹有"丈"，似不合常理，且這"二丈五尺""丈"又是如何定出

---

① 張金光：《秦制研究》，上海：上海古籍出版社，2004年，第714—715頁。
② 蕭燦、朱漢民：《嶽麓書院藏秦簡〈數〉的主要内容及歷史價值》，《中國史研究》2009年第3期，第39—50頁。
③ 張金光：《秦制研究》，上海：上海古籍出版社，2004年，第227頁。
④ 睡虎地秦墓竹簡整理小組編：《睡虎地秦墓竹簡·釋文》，北京：文物出版社，1990年，第47頁。
⑤ 朱漢民、陳松長主編：《嶽麓書院藏秦簡（貳）》，上海：上海辭書出版社，2011年，第25頁，第128—129頁。

的呢？《數》的算題數據，有的雖顯出爲計算而設計的迹象，但也可看出與實際情況相去不遠，有的則與其他文獻所載信息完全符合，諸如農作物産量、租税、粟米穀物等算題。現以一道關於"布"的算題爲例：

　　　　布八尺十一錢，今有布三尺，得錢幾可（何）。得曰：四錢八
　　分錢一。其述（術）曰：八尺爲灋（法），即以三尺乘十一錢以爲賈
　　（實）＝，（實）（【0773】）

　　　　如灋（法）得一錢。（【0985】）①

將此算題數據與睡虎地秦簡《金布律》條目對比：

　　　　布衰八尺，福（幅）廣二尺五寸。布惡，其廣衰不如式者，不
　　行。金布66

　　　　錢十一當一布。其出入錢以當金、布，以律。金布67②

在《金布律》裏，1布當11錢，1布的標準尺寸是8尺長、2尺5寸寬，而在《數》算題裏也是8尺長的布當11錢，兩者一致。這説明《數》的算題內容是比較可靠的，確實可作研究秦史的參考。

　　那麼如何解釋在計算修築"城"和"城止"的工程量時，長度僅以幾丈幾尺計呢？我的想法，這是在計算"單位工程量定額"（以當時的語言就是"程功"），有可能是整個工程中一人應完成的工程量定額，或者也可能是參與工程的所有勞力一天應完成的工程量定額。如果已知工程總量，又定出一人能完成的工程量，就可算出此項工程共需要徵調多少人了；或者是已知工程總量并定出一天能完成的工程量，則可估算工期。又見《數》的另一殘缺算題：

　　　　丈，上衰四丈，高九尺，爲積尺八千六百卌尺・大凡三萬五千
　　九百卌尺。（【0980】）③

---

① 朱漢民、陳松長主編：《嶽麓書院藏秦簡（貳）》，上海：上海辭書出版社，2011年，第21頁，第110頁。

② 睡虎地秦墓竹簡整理小組編：《睡虎地秦墓竹簡・釋文》，北京：文物出版社，1990年，第36頁。

③ 朱漢民、陳松長主編：《嶽麓書院藏秦簡（貳）》，上海：上海辭書出版社，2011年，第27頁，第143頁。

此竹簡基本完好，前面應還有一簡，當是遺損了。從現有簡文看，除了有計算結果 8640 立方尺，還有個總量 35940 立方尺，這兩個數據之間可能是"單位工程量定額"與"總工程量"之間的關係。

關於這種"工程量定額"（或稱"程功""程人功"），應該是受到一些條件限制的。第一，"工程量定額"與"月更之役"有關。張金光先生在《秦制研究》裏，依據《睡虎地秦墓竹簡》等出土文獻論述了秦之徭役的種類、期限等問題，確證"'更'是以月爲單位的，而且是每年服一個月"[1]。"月更之役可以一次服完，也可纍積足月爲止"[2]。"漢惠帝二次城長安都是一月而罷，嚴格控制月更之役限額"[3]。因此，《數》算題裏的工程量定額很可能受一月之限，長度爲"二丈五尺"的"城止"和長度爲"丈"的城，可能是依據 1 人在 30 天能完成的工程量預算的數據，若仿照《九章算術》"商功"章裏"冬程人功"等說法，則是"月程人功"。或者也可不足 30 天，依工期而定，例如睡虎地秦簡《封診式》"亡自出"條"三月中遣築宮廿日"。[4]有趣的是，兩例算題答案得出的工程量 3300 立方尺和 7500 立方尺都能被 30 整除。假設此工程量真是按 1 人勞作 30 天估算的"程人功"，那麼對於修築"城止"，1 人 1 天的工程量是 110 立方尺，以秦尺 23.1 釐米換算，約合現在的 1.356 立方米；而對於修築"城"，1 人 1 天的工程量是 250 立方尺，約合現在的 3.082 立方米。推想依秦代的徭役管理和技術條件，預計一個成年勞力於一天內完成這樣的工程量，應是可行的預算方案。第二，"工程量定額"與勞作種類有關。就"城止"和"城"算題而言，因築"城止"是要挖地基的，勞作強度大於築"城"，所以"城止"的預算工程量定額少於"城"的定額。"城止"算題末句也言明"唯築城止與此等"，言下之意，其他工程類型不按此法計算。第三，"工程量定額"與人的勞動能力有關。嶽麓書院藏秦簡

---

① 張金光：《秦制研究》，上海：上海古籍出版社，2004 年，第 224 頁。

② 張金光：《秦制研究》，上海：上海古籍出版社，2004 年，第 227 頁。

③ 張金光：《秦制研究》，上海：上海古籍出版社，2004 年，第 260 頁。

④ 睡虎地秦墓竹簡整理小組編：《睡虎地秦墓竹簡·釋文》，北京：文物出版社，1990 年，第 163 頁。

《爲吏治官及黔首》就要求官吏"審智（知）民能""善度黔首力"①。
睡虎地秦簡《倉律》規定："隸臣妾其從事公，隸臣月禾二石，隸妾一石
半；其不從事，勿稟。小城旦、隸臣作者，月禾一石半石；未能作者，
月禾一石。小（49）妾、舂作者，月禾一石二斗半斗；未能作者，月禾
一石。"②雖是針對刑徒而言，也可看出對於成年人與未成年人、男子與
女子、不同勞作種類，其勞役強度是不同的，口糧供給也隨之變化。第
四，"工程量定額"與"時"相應。睡虎地秦簡的律令《工人程》有規
定："隸臣、下吏、城旦與工從事者冬作，爲矢程，賦之三日而當夏二
日。【工人程 108】"③冬季勞作，三天的工程量定額相當於夏季二天的
工程量定額，冬季晝短夜長，白天的工時比夏季短，若天色已暗仍依靠
人工照明工作，既增加成本又影響工程品質，秦律可是規定了工程質檢
和保險期的，例如睡虎地秦簡《徭律》規定："未卒堵壞，司空將紅（功）
及君子主堵者有罪，令其徒復垣之（116），勿計爲縣（徭）。"④既如此，
還是降低冬季工程量定額爲上。在《九章算術》"商功"章也記載有"冬
程人功""春程人功""夏程人功""秋程人功"，指一人在冬、春、
夏、秋的標準工作量，如"冬程人功四百四十四尺""春程人功七百六
十六尺""夏程人功八百七十一尺""秋程人功三百尺"。⑤因季節不同
而改變對工作量的要求，符合實際情況，倒也有點人性化管理的意思。
袛不過，口糧標準也是與勞動強度相應的，例如睡虎地秦簡《倉律》：

---

① 朱漢民、陳松長主編：《嶽麓書院藏秦簡（壹）》，上海：上海辭書出版社，2010
年，第 27 頁，第 169 頁。

② 睡虎地秦墓竹簡整理小組編：《睡虎地秦墓竹簡·釋文》，北京：文物出版社，
1990 年，第 32 頁。

③ 睡虎地秦墓竹簡整理小組編：《睡虎地秦墓竹簡·釋文》，北京：文物出版社，
1990 年，第 45 頁。

④ 睡虎地秦墓竹簡整理小組編：《睡虎地秦墓竹簡·釋文》，北京：文物出版社，
1990 年，第 47 頁。

⑤ 郭書春譯注：《九章算術譯注》，上海：上海古籍出版社，2009 年，第 170—
175 頁。

"隸臣田者，以二月月稟二石半石，到九月盡而止其半石。"①

二、嶽麓書院藏秦簡《爲吏治官及黔首》中的工程史料分析

　　嶽麓書院藏秦簡《爲吏治官及黔首》與睡虎地秦墓竹簡的《爲吏之道》內容十分相似，都是秦代"學吏"的吏德教本，教導如何作爲纔能在考核中合格以至優秀，避免成績最差及獲罪，正如《爲吏治官及黔首》所說：

　　　　此治官、黔首及身之要也與（歟）？它官課有式，令能最。欲毋殿，欲毋罪，皆不可得。欲最之道把此。（【1531】）②

　　秦時工程頻繁，馳道、長城、阿房宮、驪山陵，今人仍能從遺迹知其宏偉，工程事務必然是當時官吏的重要職責和考課項目，吏德教本《爲吏治官及黔首》於此多番提醒，例如：

　　　　院垣陜（決）壞（【1504】，二）

　　　　審智（知）民能（【0313】，三）

　　　　善度黔首力（【1491】，三）

　　　　臧（藏）蓋聯屚（漏）（【1557】，一）

　　　　郭道不治（【1578】，三）

　　　　塗漑（墍）陀（阤）隋（墮）（【1561】，一）

　　　　亭障不治（【1561】，三）

　　　　室屋聯屚（漏）（【1564】，二）

---

① 睡虎地秦墓竹簡整理小組編：《睡虎地秦墓竹簡·釋文》，北京：文物出版社，1990年，第32頁。

② 朱漢民、陳松長主編：《嶽麓書院藏秦簡（壹）》，上海：上海辭書出版社，2010年，第37頁，第149頁。

謝室毋廡（【0927】，三）

水瀆不通　船隧毋廡（【2176】+【1501】，一，二）

治奴苑如縣官苑（【1529】，二）

興繇勿擅（【1584】，二）

橋陷弗爲（【1590】，二）

工用必審（【1583】，三）[①]

告誡官吏注意對院垣、橋、臧（藏）蓋、郭道、亭障、塗漑（墍）、室屋、謝室、船隧、苑、橋的修繕維護。其中尤其引起我們關注的是以下幾點。

（一）審知民能，善度黔首力

這點前文已述及，官吏在預算工程量、興發徭役時，先得定出一人的工程量，也就需要準確測度人的勞作能力，男、女、大（成年）、小（未成年），壯、癃，都要有所考慮。秦之徭役的始役標準以年齡和身高論。秦人年當十七歲、身高六尺六寸始傅，於次年十八歲始受役，刑徒男自六尺五寸，女六尺二寸即爲成年。[②]以身高論始役，即是依據實際情况來斷定人的勞動能力，例如《倉律》："隸臣、城旦高不盈六尺五寸，隸妾、舂高不盈（51）六尺二寸，皆爲小；高五尺二寸，皆作之。倉52"，"小隸臣妾以八月傅爲大隸臣妾，以十月益食。倉53"[③]

（二）興繇勿擅

漢代人多攻擊秦之徭役繁重，《漢書·食貨志上》引董仲舒言："至秦則不然，……又加月爲更卒，已復爲正，一歲屯戍，一歲力役，三十

---

① 朱漢民、陳松長主編：《嶽麓書院藏秦簡（壹）》，上海：上海辭書出版社，2010年，第27—37頁，第109—149頁。

② 張金光：《秦制研究》，上海：上海古籍出版社，2004年，第221頁。

③ 睡虎地秦墓竹簡整理小組編：《睡虎地秦墓竹簡·釋文》，北京：文物出版社，1990年，第32—33頁。

倍於古。"①實際情況并非如此。睡虎地秦簡《徭律》規定："縣毋敢擅壞
更公舍官府及廷，其有欲壞更殹（也），必獻（121）之。"②秦徭役的興
發許可權最低控制在縣級，縣下則無興役之權。除了發送更卒，修繕境
内苑囿牆垣、宮室、府銜等"恒事"外，若需興發徭役，必須報請上級
批准，役使民力，不得超出法定範圍。至於秦末濫徵，則是另一回事了。③

（三）治奴苑如縣官苑

"奴苑"，可能是使用刑徒集中勞作的苑，"縣官苑"可能是歸屬於縣
級政府的官營苑。"治奴苑如縣官苑"，對"奴苑"的修繕和管理，比照"縣
官苑"是一樣的。秦之苑囿爲政府圈占并直接管理經營，既是統治者田獵
游樂之處，也有農田作業及其他作務。④睡虎地秦簡裏記有"禁苑""公馬
牛苑""麛苑"，由"苑嗇夫""苑吏"管理，這裏又見"奴苑""縣官苑"，
可見秦的苑囿之多，官營經濟體系發達，實爲國家財政的重要源泉。

三、結　論

嶽麓書院藏秦簡《數》所記載的工程量計算與徭役的徵發分派有關，
其中的"城"和"城止"算題計算的是一人的標準工程量，借以預算興發
徭役的人數。而一人的標準工程量的確定又與"月更之役"、勞作種類與強
度、個人勞作能力、時節等因素有關。秦代爲修築工程征發徭役之前，必
先作預算，即"度攻（功）"，并不是擅興徭役、罔顧民力。正因爲官吏需
知工程預算，也就更加確證《數》是秦代"學吏"教本，屬"文吏之學"。
而《爲吏治官及黔首》中則記載了官吏於工程事務的多種考課内容。

① 《漢書》卷24《食貨志上》，北京：中華書局，1962年，第4册，第1137頁。
② 睡虎地秦墓竹簡整理小組編：《睡虎地秦墓竹簡·釋文》，第47頁。
③ 張金光：《秦制研究》，上海：上海古籍出版社，2004年，第262頁。
④ 張金光：《秦制研究》，上海：上海古籍出版社，2004年，第78頁。

嶽麓書院藏秦簡《質日》曆譜考訂

曲安京，蕭　燦

　　秦漢曆法的研究，一直存在諸多疑點和不確定推論，諸如閏月分布、大小月序列、改曆等。已公布的嶽麓書院藏秦簡《質日》保存有秦始皇廿七年、卅四年、卅五年的曆譜①，爲研究秦漢曆法提供了新材料。我們將《質日》曆譜與其他記有秦代曆日干支的出土材料及以往對秦漢曆法的研究結論做了比對和分析，用作比對的資料有：里耶秦簡記録的曆日干支、周家臺關沮秦簡的曆譜、嶽麓書院藏秦簡《奏讞書》保存的干支朔日、張培瑜先生於《里耶發掘報告》等著作中公布的 "秦代朔閏表"②（本文摘録其中始皇廿七、卅四、卅五年朔日如表 12-1）、李忠林先生於《歷史研究》2010 年第 6 期公布的秦時期 "朔閏表"③。我們也按四分曆體系從純粹數學角度重新推演秦曆，計算得出了連續的月朔密碼序列，再按照這一規律排出曆譜，并與上述資料做了比對。

　　經過比對、分析、推算，我們得出幾點看法：嶽麓書院藏秦簡《質日》記録的廿七年曆譜在六月和八月出現錯位；卅四年的曆譜排列正確；

---

① 朱漢民、陳松長主編：《嶽麓書院藏秦簡（壹）》，上海：上海辭書出版社，2010年，第 3—24 頁。

② 湖南省文物考古研究所編著：《里耶發掘報告》，長沙：嶽麓書社，2007 年，第 740—741 頁。

③ 李忠林：《周家臺秦簡曆譜繫年與秦時期曆法》，《歷史研究》2010 年第 6 期，第 36—53 頁。

卅五年曆譜偶數月干支排列正確，奇數月干支出現紊亂。

一、《質日》卅五年曆譜存在的問題

先看卅五年曆日干支的錯排，它較爲明顯，僅觀察簡文干支本身即可發現有錯誤。第一步，我們根據簡【0092】"十月小，十二月小嘉平，二月大，四月大，六月大，八月大"和簡【0166】"十一月辛卯大，正月庚寅大，三月小，五月小，七月小，九月小"，并按照六十甲子循環排出卅五年的曆日干支如表 12-2，對比表 12-1（張培瑜先生排定的始皇廿七年、卅四年、卅五年朔日）和表 12-2，顯而易見，表 12-2 朔日干支與表 12-1 的卅五年朔日一致。第二步，將《質日》簡文和表 12-2 對比，發現《質日》卅五年偶數月的曆日干支記載是正確的，最明顯的一點，我們看到簡【0050】（見表 12-3）的一、二橫欄爲空，即表示十月、十二月沒有三十日，是小月，與簡【0092】記載符合。但是《質日》卅五年奇數月干支出現紊亂。本來，依據簡【0166】可推知，奇數月的末位簡秪該在第一、二橫欄記有干支，其下四欄均應爲空，但實際却不是這樣，末位簡【0063】（見表 12-3）呈現滿填狀態，十一月、正月的三十日干支與後四個奇數月的二十九日干支抄在一列。往前看，發現從簡【0069】（見表 12-3）開始即竄行錯排直至末尾，在簡【0069】上，十一月與正月的橫欄記的初四干支，三月、五月、七月、九月的橫欄記的初三干支。我們推測出現這種情况的原因可能是抄寫時的疏忽。

陳偉先生在《嶽麓秦簡曆表的兩處訂正》一文中認爲整理者的編聯校補有誤："問題出在簡 27/殘 1-11 的安排上。如果此簡確實屬於三十五年，復原時位置當提升一欄。在爲其補足前後殘缺的四個干支後，其下的原先擬補的一簡則因爲重複應予删去。"[①]

---

① 陳偉：《嶽麓秦簡曆表的兩處訂正》，簡帛網，2011 年 4 月 17 日，http://www.bsm.org.cn/show_article.php?id=1459。

首先，"簡 27/殘 1-11"確屬卅五年干支。"辛卯""庚寅"出現在上下欄的情況，依據《質日》簡干支本身的排列規律，衹可能出現在以下位置：

廿七年：十月、十二月的十四日；十二月、二月的十五日；二月、四月的十六日；四月、六月的十七日；六月、八月的十八日。

卅四年：正月、三月的廿五日；三月、五月的廿六日；五月、七月的廿七日；七月、九月的廿八日。

卅五年：十一月、正月的朔日；正月、三月的初二；三月、五月的初三日；五月、七月的初四日；七月、九月的初五日。

而衹有卅五年初二、初三、初五簡殘或缺簡，因而不能確認，其他各處"辛卯""庚寅"上下欄的情況是明確的。再加上"簡 27/殘 1-11"的"辛卯""庚寅"字樣之間似有中編繩痕迹，因此很可能是屬於初三日的。

其二，若殘簡 1-11 確屬初三日，則置於簡【0069】前一位是合適的，其簡文干支可按照《質日》廿七年錯位規律補爲"【癸巳，壬辰】，辛卯，庚寅，【己丑，戊子】"，第一、二欄亦可不補出，因簡殘，并不能斷定此簡書寫也是錯位的。或假定在簡【0069】前也是錯位，則殘簡 1-11 之前有一枚遺失簡，其簡文干支補爲："【壬辰，辛卯，庚寅，己丑，戊子，丁亥】"。

表 12-1　張培瑜先生的"秦代朔閏表"，始皇廿七年、卅四年、卅五年朔日

	十月	十一月	十二月	正月	二月	三月	四月	五月	六月	七月	八月	九月	後九月
始皇廿七	戊寅	戊申	丁丑	丁未	丁子	丙午	丙子（乙亥）	乙巳	乙亥	甲辰	甲戌	癸卯	
始皇卅四	戊戌	丁卯	丁酉	丁卯	丙申	丙寅	乙未	乙丑	甲午	甲子	癸巳	癸亥	壬辰
始皇卅五	壬戌	辛卯	辛酉	庚寅	庚申	庚寅	己未	己丑	戊午	戊子	丁巳	丁亥	

（按：李忠林先生列出的始皇廿七年、卅四年、卅五年朔日與我們推算的曆譜完全一致，都認爲在始皇廿七年四月確定是"乙亥朔"而非"丙子朔"，張培瑜先生在 2007 年的復原方案中修改爲"丙子朔"。）

表 12-2　根據推算得出的始皇卅五年曆表

（爲了方便與《質日》簡比對，按簡的分欄格式，偶數月、奇數月分開排列）

	十月小	十二月小	二月大	四月大	六月大	八月大
初一	壬戌	辛酉	庚申	己未	戊午	丁巳
初二	癸亥	壬戌	辛酉	庚申	己未	戊午
初三	甲子	癸亥	壬戌	辛酉	庚申	己未
初四	乙丑	甲子	癸亥	壬戌	辛酉	庚申
初五	丙寅	乙丑	甲子	癸亥	壬戌	辛酉
初六	丁卯	丙寅	乙丑	甲子	癸亥	壬戌
初七	戊辰	丁卯	丙寅	乙丑	甲子	癸亥
初八	己巳	戊辰	丁卯	丙寅	乙丑	甲子
初九	庚午	己巳	戊辰	丁卯	丙寅	乙丑
初十	辛未	庚午	己巳	戊辰	丁卯	丙寅
十一	壬申	辛未	庚午	己巳	戊辰	丁卯
十二	癸酉	壬申	辛未	庚午	己巳	戊辰
十三	甲戌	癸酉	壬申	辛未	庚午	己巳
十四	乙亥	甲戌	癸酉	壬申	辛未	庚午
十五	丙子	乙亥	甲戌	癸酉	壬申	辛未
十六	丁丑	丙子	乙亥	甲戌	癸酉	壬申
十七	戊寅	丁丑	丙子	乙亥	甲戌	癸酉
十八	己卯	戊寅	丁丑	丙子	乙亥	甲戌
十九	庚辰	己卯	戊寅	丁丑	丙子	乙亥
廿	辛巳	庚辰	己卯	戊寅	丁丑	丙子
廿一	壬午	辛巳	庚辰	己卯	戊寅	丁丑
廿二	癸未	壬午	辛巳	庚辰	己卯	戊寅
廿三	甲申	癸未	壬午	辛巳	庚辰	己卯
廿四	乙酉	甲申	癸未	壬午	辛巳	庚辰
廿五	丙戌	乙酉	甲申	癸未	壬午	辛巳
廿六	丁亥	丙戌	乙酉	甲申	癸未	壬午
廿七	戊子	丁亥	丙戌	乙酉	甲申	癸未
廿八	己丑	戊子	丁亥	丙戌	乙酉	甲申
廿九	庚寅	己丑	戊子	丁亥	丙戌	乙酉
卅			己丑	戊子	丁亥	丙戌

續表

	十一月大	正月大	三月小	五月小	七月小	九月小
初一	辛卯	庚寅	庚寅	己丑	戊子	丁亥
初二	壬辰	辛卯	辛卯	庚寅	己丑	戊子
初三	癸巳	壬辰	壬辰	辛卯	庚寅	己丑
初四	甲午	癸巳	癸巳	壬辰	辛卯	庚寅
初五	乙未	甲午	甲午	癸巳	壬辰	辛卯
初六	丙申	乙未	乙未	甲午	癸巳	壬辰
初七	丁酉	丙申	丙申	乙未	甲午	癸巳
初八	戊戌	丁酉	丁酉	丙申	乙未	甲午
初九	己亥	戊戌	戊戌	丁酉	丙申	乙未
初十	庚子	己亥	己亥	戊戌	丁酉	丙申
十一	辛丑	庚子	庚子	己亥	戊戌	丁酉
十二	壬寅	辛丑	辛丑	庚子	己亥	戊戌
十三	癸卯	壬寅	壬寅	辛丑	庚子	己亥
十四	甲辰	癸卯	癸卯	壬寅	辛丑	庚子
十五	乙巳	甲辰	甲辰	癸卯	壬寅	辛丑
十六	丙午	乙巳	乙巳	甲辰	癸卯	壬寅
十七	丁未	丙午	丙午	乙巳	甲辰	癸卯
十八	戊申	丁未	丁未	丙午	乙巳	甲辰
十九	己酉	戊申	戊申	丁未	丙午	乙巳
廿	庚戌	己酉	己酉	戊申	丁未	丙午
廿一	辛亥	庚戌	庚戌	己酉	戊申	丁未
廿二	壬子	辛亥	辛亥	庚戌	己酉	戊申
廿三	癸丑	壬子	壬子	辛亥	庚戌	己酉
廿四	甲寅	癸丑	癸丑	壬子	辛亥	庚戌
廿五	乙卯	甲寅	甲寅	癸丑	壬子	辛亥
廿六	丙辰	乙卯	乙卯	甲寅	癸丑	壬子
廿七	丁巳	丙辰	丙辰	乙卯	甲寅	癸丑
廿八	戊午	丁巳	丁巳	丙辰	乙卯	甲寅
廿九	己未	戊午	戊午	丁巳	丙辰	乙卯
卅	庚申	己未				

表 12-3　文中引用作比對的幾枚《質日》簡（卅五年私質日）

0063	0069	殘 1-11	0166	0050	0092	
庚申	甲午	殘	十一月辛卯大	空	十月小	第一欄
己未	癸巳	殘	正月庚寅大	空	十二月小嘉平	第二欄
戊午宿□□留	壬辰	辛卯	三月小	己丑	二月大	第三欄
丁巳	辛卯宿商街郵	庚寅	五月小	戊子宿鄭	四月大	第四欄
丙辰	庚寅	殘	七月小	丁亥	六月大	第五欄
乙卯	己丑	殘	九月小	丙戌	八月大	第六欄

二、《質日》廿七年曆譜存在的問題

　　廿七年曆譜的干支錯位較爲隱蔽。據四分曆體系，又已知卅四、卅五兩年的干支，那麼可推算出廿七年干支排列如表 12-4。對比可見，《質日》簡 0575 上的六月初一干支是"甲戌"，八月初一干支是"癸酉"，與推算的六月初一"乙亥"、八月初一"甲戌"不合，但我們又發現湖南龍山里耶秦簡記載有始皇廿七年"八月甲戌朔"，却是符合推算結果的，而里耶簡多爲行政文書，它的曆日要更爲準確[1]。因此我們推測《質日》簡此處爲錯位誤抄，把五月三十日的干支"甲戌"錯位寫在六月初一的位置，把七月三十日的干支"癸酉"錯位抄寫在八月初一的位置，并使得後續日連鎖移位。如果將一份直行連寫的曆表轉抄成按月横向分欄的曆表時，誤抄錯位情况是有可能發生的。

---

① 李學勤：《初讀里耶秦簡》，《文物》2003 年第 1 期，第 73—81 頁。

表 12-4　根據推算得出的始皇廿七年曆表

	十月大	十二月大	二月大	四月大	六月小	八月小	十一月小	端月小
初一	戊寅	丁丑	丙子	乙亥	乙亥	甲戌	戊申	丁未
初二	己卯	戊寅	丁丑	丙子	丙子	乙亥	己酉	戊申
初三	庚辰	己卯	戊寅	丁丑	丁丑	丙子	庚戌	己酉
初四	辛巳	庚辰	己卯	戊寅	戊寅	丁丑	辛亥	庚戌
初五	壬午	辛巳	庚辰	己卯	己卯	戊寅	壬子	辛亥
初六	癸未	壬午	辛巳	庚辰	庚辰	己卯	癸丑	壬子
初七	甲申	癸未	壬午	辛巳	辛巳	庚辰	甲寅	癸丑
初八	乙酉	甲申	癸未	壬午	壬午	辛巳	乙卯	甲寅
初九	丙戌	乙酉	甲申	癸未	癸未	壬午	丙辰	乙卯
初十	丁亥	丙戌	乙酉	甲申	甲申	癸未	丁巳	丙辰
十一	戊子	丁亥	丙戌	乙酉	乙酉	甲申	戊午	丁巳
十二	己丑	戊子	丁亥	丙戌	丙戌	乙酉	己未	戊午
十三	庚寅	己丑	戊子	丁亥	丁亥	丙戌	庚申	己未
十四	辛卯	庚寅	己丑	戊子	戊子	丁亥	辛酉	庚申
十五	壬辰	辛卯	庚寅	己丑	己丑	戊子	壬戌	辛酉
十六	癸巳	壬辰	辛卯	庚寅	庚寅	己丑	癸亥	壬戌
十七	甲午	癸巳	壬辰	辛卯	辛卯	庚寅	甲子	癸亥
十八	乙未	甲午	癸巳	壬辰	壬辰	辛卯	乙丑	甲子
十九	丙申	乙未	甲午	癸巳	癸巳	壬辰	丙寅	乙丑
廿	丁酉	丙申	乙未	甲午	甲午	癸巳	丁卯	丙寅
廿一	戊戌	丁酉	丙申	乙未	乙未	甲午	戊辰	丁卯
廿二	己亥	戊戌	丁酉	丙申	丙申	乙未	己巳	戊辰
廿三	庚子	己亥	戊戌	丁酉	丁酉	丙申	庚午	己巳
廿四	辛丑	庚子	己亥	戊戌	戊戌	丁酉	辛未	庚午
廿五	壬寅	辛丑	庚子	己亥	己亥	戊戌	壬申	辛未
廿六	癸卯	壬寅	辛丑	庚子	庚子	己亥	癸酉	壬申
廿七	甲辰	癸卯	壬寅	辛丑	辛丑	庚子	甲戌	癸酉
廿八	乙巳	甲辰	癸卯	壬寅	壬寅	辛丑	乙亥	甲戌
廿九	丙午	乙巳	甲辰	癸卯	癸卯	壬寅	丙子	乙亥
卅	丁未	丙午	乙巳	甲辰				

續表

	三月小	五月大	七月大	九月大
初一	丙午	乙巳	甲辰	癸卯
初二	丁未	丙午	乙巳	甲辰
初三	戊申	丁未	丙午	乙巳
初四	己酉	戊申	丁未	丙午
初五	庚戌	己酉	戊申	丁未
初六	辛亥	庚戌	己酉	戊申
初七	壬子	辛亥	庚戌	己酉
初八	癸丑	壬子	辛亥	庚戌
初九	甲寅	癸丑	壬子	辛亥
初十	乙卯	甲寅	癸丑	壬子
十一	丙辰	乙卯	甲寅	癸丑
十二	丁巳	丙辰	乙卯	甲寅
十三	戊午	丁巳	丙辰	乙卯
十四	己未	戊午	丁巳	丙辰
十五	庚申	己未	戊午	丁巳
十六	辛酉	庚申	己未	戊午
十七	壬戌	辛酉	庚申	己未
十八	癸亥	壬戌	辛酉	庚申
十九	甲子	癸亥	壬戌	辛酉
廿	乙丑	甲子	癸亥	壬戌
廿一	丙寅	乙丑	甲子	癸亥
廿二	丁卯	丙寅	乙丑	甲子
廿三	戊辰	丁卯	丙寅	乙丑
廿四	己巳	戊辰	丁卯	丙寅
廿五	庚午	己巳	戊辰	丁卯
廿六	辛未	庚午	己巳	戊辰
廿七	壬申	辛未	庚午	己巳
廿八	癸酉	壬申	辛未	庚午
廿九	甲戌	癸酉	壬申	辛未
卅		甲戌	癸酉	壬申

再有，孫沛陽先生指出①，“原《二十七年質日》簡 25 應屬於《三十四年質日》，置於簡 4 與簡 5 之間”；“原《三十五年質日》中簡 17 應該置於《二十七年質日》簡 6 與簡 7 之間”。孫先生的這二條判斷與我們對《質日》簡排列的判斷相合。

原《二十七年質日》簡【25/0612】所記干支是“壬寅，辛丑，庚子，己酉〈亥〉，戊戌，丁酉”，爲錯位排列的廿七年偶數月廿五日干支（本文表 12-4 是推算的正確排列，嶽麓簡《二十七年質日》在六月、八月錯位，前文已述），《三十四年質日》簡【4/0504】所記簡文是“【辛丑】，庚子騰視事，己亥，戊戌，丁酉，丙申”，干支符合推算得出的始皇卅四年偶數月初四日，簡【5/0619】簡文是“癸卯，壬寅，辛丑騰去監府視事，庚子謁，己亥，戊戌”，干支是偶數月初六日的，中間所缺初五日干支正是“壬寅，辛丑，庚子，己亥，戊戌，丁酉”（見表 12-5）。

原《三十五年私質日》中簡【17/0655】所記偶數月廿二日干支“癸未，壬午，辛巳，【庚辰】，己卯，戊寅”，確實與嶽麓簡《廿七年質日》偶數月初六日干支相同，也與推算結果的錯位排列符合。簡【6/0564】“壬午，辛巳，庚辰，己卯歸休，戊寅，丁丑”符合錯位排列的廿七年偶數月初五日干支，簡【7/0616】“甲申，癸未，壬午，辛巳，庚辰，己卯”符合錯位排列的廿七年偶數月初七日干支。

---

① 孫沛陽：《簡册背劃綫初探》，《出土文獻與古文字研究》第四輯，上海：上海古籍出版社，2011 年，第 450—451 頁。

表 12-5 根據推算得出的始皇卅四年曆表

	十月小	十二大	二月大	四月大	六月大	八月大	十一大	正月小
初一	戊戌	丁酉	丙申	乙未	甲午	癸巳	丁卯	丁卯
初二	己亥	戊戌	丁酉	丙申	乙未	甲午	戊辰	戊辰
初三	庚子	己亥	戊戌	丁酉	丙申	乙未	己巳	己巳
初四	辛丑	庚子	己亥	戊戌	丁酉	丙申	庚午	庚午
初五	壬寅	辛丑	庚子	己亥	戊戌	丁酉	辛未	辛未
初六	癸卯	壬寅	辛丑	庚子	己亥	戊戌	壬申	壬申
初七	甲辰	癸卯	壬寅	辛丑	庚子	己亥	癸酉	癸酉
初八	乙巳	甲辰	癸卯	壬寅	辛丑	庚子	甲戌	甲戌
初九	丙午	乙巳	甲辰	癸卯	壬寅	辛丑	乙亥	乙亥
初十	丁未	丙午	乙巳	甲辰	癸卯	壬寅	丙子	丙子
十一	戊申	丁未	丙午	乙巳	甲辰	癸卯	丁丑	丁丑
十二	己酉	戊申	丁未	丙午	乙巳	甲辰	戊寅	戊寅
十三	庚戌	己酉	戊申	丁未	丙午	乙巳	己卯	己卯
十四	辛亥	庚戌	己酉	戊申	丁未	丙午	庚辰	庚辰
十五	壬子	辛亥	庚戌	己酉	戊申	丁未	辛巳	辛巳
十六	癸丑	壬子	辛亥	庚戌	己酉	戊申	壬午	壬午
十七	甲寅	癸丑	壬子	辛亥	庚戌	己酉	癸未	癸未
十八	乙卯	甲寅	癸丑	壬子	辛亥	庚戌	甲申	甲申
十九	丙辰	乙卯	甲寅	癸丑	壬子	辛亥	乙酉	乙酉
廿	丁巳	丙辰	乙卯	甲寅	癸丑	壬子	丙戌	丙戌
廿一	戊午	丁巳	丙辰	乙卯	甲寅	癸丑	丁亥	丁亥
廿二	己未	戊午	丁巳	丙辰	乙卯	甲寅	戊子	戊子
廿三	庚申	己未	戊午	丁巳	丙辰	乙卯	己丑	己丑
廿四	辛酉	庚申	己未	戊午	丁巳	丙辰	庚寅	庚寅
廿五	壬戌	辛酉	庚申	己未	戊午	丁巳	辛卯	辛卯
廿六	癸亥	壬戌	辛酉	庚申	己未	戊午	壬辰	壬辰
廿七	甲子	癸亥	壬戌	辛酉	庚申	己未	癸巳	癸巳
廿八	乙丑	甲子	癸亥	壬戌	辛酉	庚申	甲午	甲午
廿九	丙寅	乙丑	甲子	癸亥	壬戌	辛酉	乙未	乙未
卅		丙寅	乙丑	甲子	癸亥	壬戌	丙申	

續表	三月 小	五月 小	七月 小	九月 小	後九 大
初一	丙寅	乙丑	甲子	癸亥	壬辰
初二	丁卯	丙寅	乙丑	甲子	癸巳
初三	戊辰	丁卯	丙寅	乙丑	甲午
初四	己巳	戊辰	丁卯	丙寅	乙未
初五	庚午	己巳	戊辰	丁卯	丙申
初六	辛未	庚午	己巳	戊辰	丁酉
初七	壬申	辛未	庚午	己巳	戊戌
初八	癸酉	壬申	辛未	庚午	己亥
初九	甲戌	癸酉	壬申	辛未	庚子
初十	乙亥	甲戌	癸酉	壬申	辛丑
十一	丙子	乙亥	甲戌	癸酉	壬寅
十二	丁丑	丙子	乙亥	甲戌	癸卯
十三	戊寅	丁丑	丙子	乙亥	甲辰
十四	己卯	戊寅	丁丑	丙子	乙巳
十五	庚辰	己卯	戊寅	丁丑	丙午
十六	辛巳	庚辰	己卯	戊寅	丁未
十七	壬午	辛巳	庚辰	己卯	戊申
十八	癸未	壬午	辛巳	庚辰	己酉
十九	甲申	癸未	壬午	辛巳	庚戌
廿	乙酉	甲申	癸未	壬午	辛亥
廿一	丙戌	乙酉	甲申	癸未	壬子
廿二	丁亥	丙戌	乙酉	甲申	癸丑
廿三	戊子	丁亥	丙戌	乙酉	甲寅
廿四	己丑	戊子	丁亥	丙戌	乙卯
廿五	庚寅	己丑	戊子	丁亥	丙辰
廿六	辛卯	庚寅	己丑	戊子	丁巳
廿七	壬辰	辛卯	庚寅	己丑	戊午
廿八	癸巳	壬辰	辛卯	庚寅	己未
廿九	甲午	癸巳	壬辰	辛卯	庚申
卅					辛酉

三、秦代曆法推算

1. 月朔密碼序列

中國曆法是陰陽曆系統，曆月的平均長度爲朔望月，曆年的平均長度爲回歸年。通過添加閏月，平衡曆年與曆月的長度。由於《太初曆》之前，采用的都是年終置閏，因此，月朔干支構成的序列比節氣干支在復原曆譜時所發揮的作用重要得多，而且在出土文獻中，月朔干支的記載也遠較節氣干支爲多。

對於采用平氣平朔、19 年 7 閏制的《四分曆》來説，月朔干支序列的周期是容易確定的。假設我們以 0 表示小月（29 日），1 表示大月（30日），通常的曆月序列將是大、小月相間出現的，偶爾會出現一個連大月。如果我們用@表示連大月（30 日），則連續兩個@的間隔祇有兩種情形：

A：0101010101010101@

B：01010101010101@

其中 A 包含了 8 個小月，9 個大月；B 包含了 7 個小月，8 個大月。有趣的是，在《四分曆》的曆譜中，月朔序列將根據 AB 構成一個周期。如果我們用 Λ 表示這個周期的第一個 A，即 A 的第一個曆月（0）的合朔時刻在初一的夜半，則這個周期可以表示爲如下的序列：

Λ ABAAB ABAAB ABAAB ABAAB ABAAB ABAAB

ABAAB ABAAB ABAAB ABAAB ABAAB AB

周而復始。在曆譜的排列上，我們將 A、B 定位在連大月@的月朔日，可以看作是月朔的密碼。我們稱上面的周期爲《四分曆》的月朔密碼序列。

每一個《四分曆》都對應一個獨特的、連續的月朔密碼序列。換言之，如果一段曆譜的月朔密碼序列出現了斷裂，即可以推斷這段曆譜不是由同一個《四分曆》排列出來的。下面我們將根據這個密碼序列，推算、排列從秦王政二十二年（前 225 年）至秦二世三年（前 207 年）的朔閏表，并附注嶽麓書院秦簡、里耶秦簡、關沮秦簡①中記錄的部分干支以印證。

2. 秦王政元年以後之閏月分布

如果假定秦及漢初百年的曆譜是根據《四分曆》常數，以十月爲歲首，采用年終置閏原則推算出來的，則根據現有的秦漢文獻，我們可以將這個時期的閏月分布完全確定。其中從秦王政元年（前 246 年）至秦二世三年（前 207 年）的閏月分布，祇有一種可能性，如下表所示（推導過程我們將另文詳述）。

表 12-6　秦（前 246 年—前 207 年）置閏表

年	246	243	240	237	235	232	229	227	224	221	218	216	213	210	208
	閏	閏	閏	閏	閏	閏	閏	閏	閏	閏	閏	閏	閏	閏	閏
	2	3	3	3	2	3	3	2	3	3	3	2	3	3	2

3. 嶽麓簡涉及年代的朔閏表（前 225 年—前 207 年）

目前公布的嶽麓、里耶、關沮等處簡牘的月朔干支，覆蓋了秦王政二十二年（前 225 年）到秦二世元年（前 209 年）。根據秦始皇三十四年（前 213 年）至秦二世元年（前 209 年）的月朔干支，可以很容易地辨認出這個時段的四個月朔密碼分別定位在三十五年二月庚申（B），三十六年七月壬午（A），三十七年後九月乙巳（B）。而根據月朔密碼序列，容易推知三十四年十二月丁酉的密碼必爲 A。將這四個密碼片斷 ABAB 延展開來，可以得到從秦王政二十二年（前 225 年）到秦二世三年（前 207 年）的朔閏表。需要指出的是：如果假定這個階段采用的曆法是統一的，則現在復原的結果就是唯一確定的。

---

① 湖北省荆州市周梁玉橋遺址博物館：《關沮秦漢墓簡牘》，北京：中華書局，2001年，第 93—96 頁。

表 12-7　嶽麓簡涉及年代的朔閏表（前 225 年—前 207 年）

年	十月	十一月	十二月	正月	二月	三月	四月	五月	六月	七月	八月	九月	後九月
-225 嶽麓 秦王政22年	丁未	丁丑	丙午	丙子	丙午	乙亥	乙巳	甲戌	甲辰	癸酉	癸卯	壬申	
-224 秦王政23年	壬寅	辛未	辛丑	B	庚子	己巳	己亥	戊辰	戊戌	戊辰	丁酉	丁卯	丙申
-223 秦王政24年	丙寅	乙未	乙丑	甲午	甲子	癸巳	癸亥	壬辰	A	辛卯	辛酉	辛卯	
-222 嶽麓 秦王政25年	庚申	庚寅	己未	A	戊午	戊子	丁巳	丁亥	丙辰	丙戌	乙卯 / B	乙酉	
-221 里耶 秦始皇26年	甲寅	甲申	癸丑	癸未	癸丑	壬午	壬子	辛巳	辛亥	庚辰	庚戌	己卯	己酉
-220 嶽麓里耶 秦始皇27年	戊寅	戊申	丁丑	丁未	丙子 / 丁子	丙午	乙亥	A	乙亥 / 甲戌	甲辰	甲戌 / 癸酉	癸卯	
-219 里耶 秦始皇28年	癸酉	壬寅	壬申	辛丑	辛未	庚子	庚午	己亥	己巳	戊戌	戊辰	戊戌	
-218 里耶 秦始皇29年	丁卯	丁酉	丙寅	丙申	乙丑	乙未	甲子	甲午	癸亥	癸巳	B	壬辰	辛酉
-217 里耶 秦始皇30年	辛卯	庚申	A	庚申	己丑	己未	戊子	戊午	丁亥	丁巳	丙戌	丙辰	
-216 秦始皇31年	乙酉	乙卯	甲申	甲寅	癸未	B	癸未	壬子	壬午	辛亥	辛巳	庚戌	庚辰

續表

年	十月	十一月	十二月	正月	二月	三月	四月	五月	六月	七月	八月	九月	後九月
-215 里耶 秦始皇32年	己酉	己卯	戊申	戊寅	丁未	丁丑	丙午	丙子	乙巳	乙亥	乙巳	甲戌	
-214 里耶 秦始皇33年	甲辰	癸酉	癸卯	壬申	壬寅	辛未	辛丑	庚午	庚子	A	己亥	戊辰	
-213 嶽麓/里耶 秦始皇34年	戊戌	丁卯	丁酉	丁卯	丙申	丙寅	乙未	乙丑	甲午	甲子	癸巳	癸亥	壬辰
-212 嶽麓/里耶 秦始皇35年	壬戌	辛卯	A	庚寅	B	庚寅	己未	己丑	戊午	戊子	丁巳	丁亥	
-211 關沮 秦始皇36年	丙辰	丙戌	乙卯	乙酉	甲寅	甲申	癸丑	癸未	壬子	壬午	壬子	辛巳	
-210 關沮 秦始皇37年	辛亥	庚辰	庚戌	己卯	己酉	戊寅	戊申	丁丑	丁未	A	丙午	乙亥	B
-209 關沮 秦二世元年	乙亥	甲辰	甲戌	癸卯	A	壬寅	壬申	辛丑	辛未	庚子	庚午	己亥	
-208 秦二世二年	己巳	戊戌	戊辰	丁酉	丁卯	丁酉	丙寅	丙申	乙丑	乙未	甲子	甲午	癸亥
-207 秦二世三年	癸巳	壬戌	壬辰	辛酉	辛卯	庚申	庚寅	己未	A	己未	戊子	戊午	

　　這個結果與張培瑜先生 2007 年的最新復原方案、李忠林先生 2010年的復原結果是一致的。我們注意到，由此上溯至秦王政元年（前 246年），張、李的復原方案有一些差異。事實上，張、李兩人對自己的復原結果是否顛撲不破，也是有所疑慮。本文的結果可以得到這樣的結論：嶽麓、里耶、關沮等簡牘涉及年代的曆譜如果是同一部曆法排定的，則其結果祇能如上表給出的情形。

　　至於張、李兩個復原方案的差異到底是如何造成的？是否還有別的復原方案？真相究竟是否可知？我們將在另文詳述。

　　（感謝復旦大學出土文獻與古文字研究中心程少軒博士、武漢大學簡帛研究中心魯家亮博士爲本文的寫作提供幫助。）

讀《魯久次問數於陳起》札記二則

蕭　燦

　　早期數學起源於生産生活，秦代數學又與官吏職司息息相關，嶽麓書院藏秦簡《數》的内容就印證了這點。讀北大秦簡"數論"《魯久次問數於陳起》篇，覺得自"臨官立（蒞）政，立厇（度）興事"以下列舉各項，諸如"和均五官，米粟鬃（糅）桼（漆）、升料〈料〉斗甬（桶）……立（粒）石之地，各有所宜，非數无以智（知）之"①所述都關涉官吏署理的事務，這段簡文的陳述綫索依循由内到外的城邑布局，先述城内倉廩府庫百工事務，再述修建城墻的"城攻（工）"和城郊的建設。

　　在"外之城攻（工）……非數无以折之"的土木工作之後，簡文寫道："高閣臺謝（榭），戈（弋）邋（獵）置埶（放）御（禦），度池旱（岸）曲，非數无以置之。"②此句所述應是城外園林營建，睡虎地秦墓竹簡的《爲吏之道》篇就寫明營建管理"苑囿園池"③爲官吏職責。中國園林的源頭主要有三個：囿、圃、臺，後逐漸融合。囿，功能是畜養動物，可

① 韓巍：《北大藏秦簡〈魯久次問數於陳起〉初讀》，《北京大學學報（哲學社會科學版）》2015 年第 2 期，第 30 頁。

② 韓巍：《北大藏秦簡〈魯久次問數於陳起〉初讀》，《北京大學學報（哲學社會科學版）》2015 年第 2 期，第 30 頁。

③ 睡虎地秦墓竹簡整理小組編：《睡虎地秦墓竹簡·釋文》，北京：文物出版社，1990年，第 170 頁。

狩獵，可游玩，也栽培植物，如《周禮·地官》所述："囿人掌囿遊之獸禁，牧百獸。祭祀、喪紀、賓客、共其生獸、死獸之物。"①又見《大戴禮·夏小正》提到"囿有見韭"，"囿有見杏"。②圃，是種植地，例見《周禮·地官》："場人：掌國之場圃，而樹之果蓏珍異之物，以時斂而藏之。凡祭祀、賓客，共其果蓏，享亦如之。"③臺，是山的象徵，人工築土而成，《呂氏春秋》高誘注："積土四方而高曰臺。"④臺的功能是通神、望天、游賞，《白虎通·辟雍》："考天人之心，察陰陽之會，揆星辰之證驗。"⑤《詩經·大雅·靈臺》朱熹集傳："國之有臺，所以望氛祲、察災祥、時觀游。"⑥臺的尺度可以很大，建設工期長，劉向《新序·刺奢》稱殷紂王建鹿臺"七年而成，其大三里，高千尺，臨望雲雨"。⑦臺的所指有兩層含義，一是指建築物本身，二是臺及周圍種植所形成的空間環境，各諸侯國多見以臺命名園林，如楚之章華臺、吳之姑蘇臺。臺上不必有建築，臺上有屋謂之榭，往往臺、榭并稱。基於以上釋義可認爲《陳起》篇中的"高閣臺謝（榭）""戈（弋）邋（獵）置埪（放）御（禦）""度池旱（岸）曲"之間是并列關係，説的是園林規劃，營造建築物、造景、游玩的項目，這些都需要用到數學，"非數无以置之"。以"高閣臺謝（榭）"指代園林建築的營造，春秋戰國時期園林中的臺榭已是游賞功能爲主。

---

① （清）孫詒讓撰，王文錦、陳玉霞點校：《周禮正义》卷31《地官·囿人》，北京：中華書局，1987年，第1220—1221頁。

② （清）王聘珍撰，王文錦點校：《大戴禮記解詁》卷2《夏小正》，北京：中華書局，1983年，第26、36頁。

③ （清）孫詒讓撰，王文錦、陳玉霞點校：《周禮正义》卷31《地官·囿人》，第1221—1222頁。

④ 許維遹撰，梁運華整理：《呂氏春秋集釋》卷5《仲夏紀》，北京：中華書局，2009年，第108頁。

⑤ （清）陳立撰，吳則虞點校：《白虎通疏證》卷6《辟雍》，北京：中華書局，1994年，第263頁。

⑥ （宋）朱熹：《詩集傳》，北京：中華書局，1958年，第186頁。

⑦ （漢）劉向編著，石光瑛校釋，陳新整理：《新序校釋》卷6《刺奢》，北京：中華書局，2001年，第798—800頁。

"戈（弋）遯（獵）置埜（放）御（禦）"，屬於當時園林具有的狩獵、畜獸功能。如韓巍先生釋文所注，"置"爲衍文，而我以爲"御"或可讀爲"圉"，圈養畜養的意思，放御（圉），釋爲放養和圈養動物。秦上林苑内就有"虎圈""狼圈"，《長安志》引《漢宮殿疏》"秦故虎圈，周匝三十五步，西去長安十五里"，"秦故狼圈，廣八十步，長二十步，西去長安十五里"。① "度池旱（岸）曲"是説的造園時開挖水體。水景入園的造園手法商周時期已有，商紂以酒爲池，周文王有靈臺、靈囿、靈沼，有圓形水池"辟雍"，又如《左傳·昭公二十年》所記"高臺深池，撞鐘舞女"，《左傳·哀公元年》所記"今聞夫差，次有臺榭陂池焉"②，又見《楚辭·招魂》寫道"坐堂伏檻，臨曲池些"③，《國語·吳語》記載："昔楚靈王……乃築臺於章華之上，闕爲石郭，陂漢，以象帝舜"④，這是模仿九嶷山的環水，挖水池、引漢水。"度池""旱（岸）曲"應理解爲并列關係，明確描述的人工理水造景，測量、規劃、開挖曲池。⑤

接下來的簡文："見（視）土剛桼（柔），黑白黃赤，蓁屬（萊）津如（沮），立（粒）石之地，各有所宜，非數无以智（知）之。"⑥ "視土"以下文字，剛柔相對，指土質硬度，黑白黃赤是土色，各色土壤各有適宜生長的植物。而"蓁屬（萊）、津如（沮）、立（粒）石"三者應爲并列關係，説的土質與地表植被情況，或是沃土植物生長茂盛，或是荒地，

① （宋）宋敏求撰，辛德勇、郎潔點校：《長安志》，西安：三秦出版社，2013 年，第 167 頁。

② 楊伯峻編著：《春秋左傳注》（修訂本），北京：中華書局，1990 年，第 1416、1609 頁。

③ （宋）洪興祖撰，白化文等點校：《楚辭補注》，北京：中華書局，1983 年，第 206 頁。

④ 徐元誥撰，王樹立、沈長雲點校：《國語集解》，北京：中華書局，2002 年，第 541 頁。

⑤ 周維權：《中國古典園林史》，北京：清華大學出版社，2008 年，第 40—62 頁，第 67 頁。

⑥ 韓巍：《北大藏秦簡〈魯久次問數於陳起〉初讀》，《北京大學學報（哲學社會科學版）》2015 年第 2 期，第 30 頁。

或土地潤澤低濕，或地表多石不宜植物生長。所以此句句讀宜爲"視土剛柔，黑白黃赤，蓁厲（萊）、津如（洳）、立（粒）石之地，各有所宜，非數无以智（知）之。"簡文説的是勘察城郊地理，觀察土地的形色以決定其用途，這是官吏的職責，如《周禮・地官》所述："載師掌任土之灋，以物地事，授地職，而待其政令。"[1]嶽麓書院藏秦簡的《爲吏治官及黔首》篇對官吏管理農田農事也有要求，如"封畛不正"，"草田不舉"，"度稼得租"[2]，目的是保障收取租税。《漢書・食貨志》記載："李悝爲魏文侯作盡地力之教，以爲地方百里，提封九萬頃，除山澤邑居叁分去一，爲田六百萬畮，治田勤謹則畮益三升，不勤則損亦如之。地方百里之增減，輒爲粟百八十萬石矣。"[3]視土相地，根據土質決定用途，以盡地力，以利農耕，以增産量，以盈租税，確實是"非數无以智（知）之"，數學是當時官吏的必備知識技能。

---

① （清）孫詒讓撰，王文錦、陳玉霞點校：《周禮正义》卷 24《地官・載師》，第931 頁。

② 朱漢民、陳松長主編：《嶽麓書院藏秦簡（壹）》，上海：上海辭書出版社，2010年，第 28 頁，第 37 頁。

③ 《漢書》卷 24《食貨志上》，北京：中華書局，1962 年，第 4 册，第 1124 頁。

秦人對於數學知識的重視與運用

蕭　燦

　　秦統一的原因是多方面的，王子今先生在《秦統一原因的技術層面考察》一文中認爲：“秦在技術層次的優越，使得秦人在兼并戰争中取得優勢”，文中提到了“天文曆算數術之學也爲秦人所重視。里耶秦簡中‘九九乘法表’的發現，爲當時數學知識的普及提供了例證。”①這種看法非常有道理。本文擬依據出土的秦代數學文獻，對此作一探尋。

一、數學確實爲秦人所重視

　　在多批出土的秦代文獻里都發現有數學内容。除了廣爲人知的里耶秦簡乘法表，還有兩部較完整的數學書，一是北京大學藏秦簡《算書》，二是嶽麓書院藏秦簡《數》。《算書》正在整理、部分已公布，它出自 2010 年北京大學獲贈的一批秦簡牘，數量達到 400 餘枚，整理者命名爲《算書》，根據簡的形制、簡文内容、書寫特徵將其分爲甲種、乙種、丙種，主要内容除了田畝、賦税、糧食兑换等實際問題的演算法外，還有一段

---

① 王子今：《秦統一原因的技術層面考察》，《社會科學戰綫》2009 年第 9 期，第222—231 頁。

長達 800 多字的 "數論"，命名爲《魯久次問數於陳起》（以下簡稱《陳起》），論述了數學的起源及社會功能。《數》出自 2007 年底入藏嶽麓書院的一批秦簡，簡上有自題篇名 "數"（寫在一枚簡的背面），它的圖版、釋文、注釋已於 2011 年底出版，即《嶽麓書院藏秦簡（貳）》，有兩百多枚簡，六千多字，主要是些具體算題，也有描述演算法的 "術"，還記載有多種穀物之間兌換的計算比率、衡制、乘法口訣等。

　　出土的秦代文獻裏明確提出數學的重要性。《陳起》篇簡文："魯久次問數於陳起曰：'久次讀語、計數弗能竝劈（徹），欲劈（徹）一物，可（何）物爲急？'陳起對之曰：'子爲弗能竝劈（徹），舍語而劈（徹）數，＝（數）可語殹（也），語不可數殹（也）。'久次曰：'天下之物，孰不用數？'陳起對之曰：'天下之物，无不用數者……'"①大意是 "數"比 "語"更重要，天下事物諸如宇宙構成、身體疾病、社會管理和生產活動無不用到數學，這倒有點像古希臘畢達哥拉斯學派的思想了，數是萬物的本源。

二、秦人重視的數學是一種 "實用演算法式數學"

　　秦人重視數學，但衹重視一種適於應用在實際生產生活中的數學，鄒大海先生稱之爲 "實用演算法式數學"，這種提法最早見於他對張家山漢簡《算數書》的研究論文②，秦簡《數》公布後，對比研究證明秦漢數學均屬於這種 "實用演算法式數學"，漢承秦制，數學也沿襲。之所以説秦漢數學是 "實用演算法式"的，是因爲我們在秦簡《數》《算書》的算題裏見到的都是對具體演算法的描述，例如：

---

① 韓巍：《北大藏秦簡〈魯久次問數於陳起〉初讀》，《北京大學學報（哲學社會科學版）》2015 年第 2 期，第 30 頁。
② 鄒大海：《出土〈算數書〉初探》，《自然科學史研究》2001 年第 3 期，第 193 — 205 頁。

〔倉廣〕二丈五尺，問衺幾可（何）容禾萬石？曰：衺卅丈。術曰：以廣乘高法，即曰，禾石居十二尺，萬石，十二萬（【0498】）尺爲賁＝（實），（實）如法得衺一尺，其以求高及廣皆如此。（【0645】）①

題設條件是已知糧倉的"廣"是 25 尺，求"衺"爲多少時能容納 10000 石禾。又補充已知條件：1 石禾堆積高度 12 尺，或說體積是 12 立方尺，因底面積默認是 1 平方尺。②這就好比是 1 石禾堆成個 1 尺×1 尺×12 尺的四棱柱體，那麼 10000 石禾就是把 10000 個四棱柱體置放一起，每行 25 個，共有幾行呢？古代數學書裏指稱計算方法的專用詞是"術"，依照這道算題簡文的"術"計算如下：

12×25=300 平方尺爲法（分母），120000 立方尺爲實（分子），分子除以分母 120000÷300=400 尺，即 40 丈。

我們看算題術文的敘述，它祇說怎麼做而不說爲什麼，更無公式定理的推演，這樣的方式，不需要系統教學、不需要長時間練習、不需要學習者過多思考，祇需要按例題指示一步步照做，在實際生產生活中套用，就可以完成計算工作。即使遇到較爲複雜的問題，"實用演算法式數學"也能讓那些沒什麼數學基礎的人解決難題。

那麼，是否先秦時期的數學就已經是這種"實用演算法式"呢？顯然不是的。舉幾個反例，比如說《莊子·天下篇》裏記有數學中的"極限"概念："一尺之棰，日取其半，萬世不竭。"《墨子·經上》裏記有多種幾何學概念的定義："平，同高也。"釋義："一個東西是平的，它的各處都有相同的高度。這經過一定的幾何抽象，不考慮該對象的厚薄，并假設有一個平的東西（可能是地平面）作爲它的參照。""圜，一中同長

---

① 蕭燦：《嶽麓書院藏秦簡〈數〉研究》，湖南大學博士學位論文，2010 年，第 83 頁。

② 一般來說，古算書中說體積 a 尺時，是從一個底爲 1 平方尺的四棱柱其高爲 a 尺這個角度來衡量的。例如秦簡《數》裏同樣的表述還有："〔稻粟〕三尺二寸五分寸二一石。麥二尺四寸一石"（【0760】）、"芻新薪積廿八尺一石。稾卅一尺一石。茅卅六尺一石"（【0834】）、"粟一石居二尺七寸"（【0801】）。

也。"釋義:"圓,有一個中心,它到圓的邊緣每一處都具有相同的長度。"[①]與今天的幾何學無二致。不妨對比一下秦簡《數》裏關於圓的算題:"周田述(術)曰:周乘周,十二成一;其一述(術)曰,半周半徑,田即定,徑乘周,四成一;半徑乘周,二成一。(J07)"

這四種演算法相當於圓周率取 $\pi=3$ 時的近似演算法[②],未見述及圓的抽象定義,直接應用於田地面積的計算,演算法也是說的具體如何操作,還是近似簡化計算。從《莊子》《墨子》裏的記載不難看出,先秦數學也曾往抽象思維發展,并非肇始就趨向實用演算法,而是秦人的選擇和強化,傳至漢,影響後世,以致中國古代數學陷入實用演算法格局。

附帶再提一下里耶秦簡的"九九乘法口訣表",與清華大學藏戰國竹簡的《算表》相比,也是簡化了的。《算表》形成於公元前 305 年左右的戰國時期,比里耶秦簡乘法表早近百年,利用《算表》不僅能快速進行100 以内兩個任意整數的乘法,還能做包含分數 1/2 的乘法運算,乘數、被乘數取值最大可達 495.5,因爲數值較大,不是"九九乘法"的範圍,因此推測在使用《算表》計算時也需用到乘法交換律、乘法分配律,以及分數等數學原理和概念。[③]可想而知,複雜的《算表》不易推廣普及,而里耶秦簡的"九九乘法口訣表"則易學易用,已滿足日常的生產生活的需求。秦簡《數》裏也有部分乘法口訣。

---

① 鄒大海:《從〈墨子〉看先秦時期的幾何知識》,《自然科學史研究》2010 年第 3 期,第 295—296 頁。

② 蕭燦:《嶽麓書院藏秦簡〈數〉研究》,湖南大學博士學位論文,2010 年,第 43—45 頁。

③ 李均明、馮立昇:《清華簡〈算表〉概述》,《文物》2013 年第 8 期,第 73—75 頁。

三、"實用演算法式數學"在秦人生產生活的各方面得到廣泛運用

　　秦人在生產生活中，廣泛運用數學知識，如對農田、租稅的管理。重視農業，各國皆是，《漢書·食貨志》記載："李悝爲魏文侯作盡地力之教，以爲地方百里，提封九萬頃，除山澤邑居叁分去一，爲田六百萬畮，治田勤謹則畮益三升，不勤則損亦如之。地方百里之增減，輒爲粟百八十萬石矣。"①就是要盡地力，增産量，盈租稅。而秦勝在運用數學優化管理，史料從兩個方面證明這點：一是秦人把測量田地、計算産量和租稅中會遇到的各種計算問題寫入數學書的例題，且一定是示範的實用演算法；一是相關法律條文基於數學的量化規範。在秦簡《數》裏有方田（矩形田）、箕田（梯形田）、周田（圓形田）面積的測算法；有大桼、中桼、細桼、乾禾、生禾的産量與租稅計算；稅制又與田地性質有關，分爲輿田、稅田，如桼輿田的稅率是十五分之一；針對有可能出現的誤算及"匿租"情況，又有"租誤券"的算題。從《數》的租稅類算題來看，秦徵收實物田租，按田地面積課稅，且很可能采取直接割定一片田地上的出産爲租稅的方式，見於《數》的算題："禾輿田十一畮，〔稅〕二百六十四步，五步半步一斗，租四石八斗，其術曰：倍二〔百六十四步爲〕（1654）。"②至於相關法律條文的量化規範，例見於青川秦墓木牘《爲田律》："田廣一步，袤八則爲畛。畮二畛，一百（陌）道。百畮爲頃，一千（阡）道，道廣三步。封高四尺，大稱其高。捋（埒）高尺，下厚二尺。以秋八月脩封捋（埒），正彊（疆）畔，及發千（阡）百（陌）

---

① 《漢書》卷24《食貨志上》，北京：中華書局，1962年，第4冊，第1124頁。
② 朱漢民、陳松長主編：《嶽麓書院藏秦簡（貳）》，上海：上海辭書出版社，2011年，第8頁。

之大草。"①睡虎地秦墓竹簡《田律》，如："入頃芻槀，以其受田之數，無墾（墾）不墾（墾），頃入芻三石、槀二石。芻自黃熬及蘑束以上皆受之。入芻槀，相8輸度，可殹（也）。田律9"②

對倉儲物資的管理。秦對倉儲物資管理十分嚴謹細緻，因爲責任重大，要收入農户繳納的田租，要支付廩給。睡虎地秦簡有《倉律》的各種規定，北大秦簡《陳起》篇説"和均五官，米粟鬃（縣）杢（漆）、升料〈料〉斗甬（桶），非數无以命之"③，嶽麓秦簡《數》裏除了有算題是關於倉儲事務的，還記録着各種穀物兑换的比率，其數據與後來的《九章算術》所載大多相同。而我想在本文中再提一下嶽麓秦簡《數》整理出版時幾枚釋義存疑的簡："券朱（銖）升，券兩斗，券斤石，券鈞般（𥼛），券十朱（銖）者（【0836】）""百也，券千萬者，百中千，券萬（萬）者，重百中。（【0988】）""籥反十，券菽荅麥十斗者反十。（【0975】）"④推測這幾枚簡所記與倉儲物資出入有關，似是説的簡側刻齒。在里耶秦簡裏見到有"刻齒簡"，即在券寫錢糧物資數額的簡側有一排刻槽，如鋸齒，不同形狀的刻槽對應不同的單位量，例如，9萬就刻9個表示"萬"的凹槽，7千就刻7個表示"千"的凹槽，那麼【0836】簡的含義就是：銖和升符號相同，兩和斗符號相同，斤石、鈞般（𥼛），亦如是。【0988】簡説的是："千萬"是在"百"的符號裏加刻"千"的符號。【0975】簡"反十"的意思是正方向刻齒符號"十"（據里耶秦簡，是凹刻一邊長一邊短的三角形）的反向符號。⑤券書數額的簡側刻齒是爲了防止倉儲記録

---

① 四川省博物館等：《青川縣出土秦更修田律木牘——四川青川縣戰國墓發掘簡報》,《文物》1982年第1期，第11頁。

② 睡虎地秦墓竹簡整理小組編：《睡虎地秦墓竹簡·釋文》，北京：文物出版社，1990年，第21頁。

③ 韓巍：《北大藏秦簡〈魯久次問數於陳起〉初讀》，第30頁。

④ 朱漢民、陳松長主編：《嶽麓書院藏秦簡（貳）》，上海：上海辭書出版社，2011年，第17頁，第93頁。

⑤ 秦簡《數》這幾枚簡的釋義與里耶秦簡刻齒簡的關係詳見蕭燦：《對里耶秦簡刻齒簡調研簡報的理解和補充》，簡帛網，武漢大學簡帛研究中心，2012年10月13日，http://www.bsm.org.cn/show_article.php?id=1743。

中篡改數額以及收支方對契，可見管理的嚴謹。

對勞役和工程的管理。秦官府對手工業和土木工程的管理，律有明文，見於睡虎地秦簡《工律》《工人程》《均工》，執行中需運用數學。北大秦簡《陳起》篇説到："具爲甲兵筋革，折筋、靡（磨）矢、祜（栝）㮸，非數无以成之。段（鍛）鐵鑲（鑄）金，和赤白，爲桑（柔）剛，磬鐘竽瑟，六律五音，非數无以和之。錦繡文章，卒（萃）爲七等，藍莖葉英，別爲五采（彩），非數无以別之。外之城攻（工），斬離（籬）鑿豪（壕），材之方員（圓）細大、溥（薄）厚曼夾（狹），色（絶）契羨杼，斲鑿楅（斧）鋸、水繩規㭕（矩）之所折斷，非數无以折之。高閣臺謝（榭），戈〈弋〉邋（獵）置墊（放）御（禦），度池旱（岸）曲，非數无以置之。和攻（功）度事，見（視）土剛桑（柔），黑白黄赤，蓁厲（萊）津如（洳），立（粒）石之地，各有所宜，非數无以智（知）之。"①手工業生産各種用品，土木工程修建城牆城樓、城外園林、農田規劃都離不開數學，例如冶煉鍛造需要靠計算控制鐵、銅的硬度、成色，用炭量，損耗等；織染需要計算染料的調配比率；工程中，木材加工、開挖土方、築修城牆都需測量和計算；城外園林建設及農田土質檢測也都用到數學知識。②嶽麓秦簡《數》裏，手工業方面有關於紡織、鍛鐵、制玉等算題，土木工程方面有徭役征發和計算倉、城、堤、亭、積堆、除（羨除，可看作是楔形體體積計算）的土方量的算題。

《陳起》篇説："天下之物，无不用數者"，除了上面所述幾大類事務，還有其他種種，例如《數》裏的"營軍之術"算題記述了軍營的建制。③秦人重視數學，普及實用演算法，廣泛運用這種"實用演算法式數學"管理田地租税、倉儲物資、勞役工程、軍戰事務等，取得了高效。高效率的管理，可能是秦人能夠統一中原的一個重要因素。

① 韓巍：《北大藏秦簡〈魯久次問數於陳起〉初讀》，《北京大學學報（哲學社會科學版）》2015 年第 2 期，第 30 頁。
② 蕭燦：《讀〈陳起〉篇札記》，《自然科學史研究》2015 年第 2 期，第 257—258 頁。
③ 對"營軍之術"的解析，參見孫思旺：《嶽麓書院藏秦簡"營軍之術"史證圖解》，《軍事歷史》2012 年第 3 期，第 62—68 頁。

從嶽麓秦簡"芮盜賣公列地案"
論秦代市肆建築

蕭　燦，唐夢甜

　　近年來，隨着多批次秦簡的整理公布，爲秦史研究提供了新材料，許多存疑問題的探討有了新進展。2013 年出版的《嶽麓書院藏秦簡（叁）》①收録的是審案斷獄的司法文書。文書中記有一則盜賣市肆鋪位的案件，整理者依據古書定名慣例命名爲"芮盜賣公列地案"并判斷簡文裏的"二月辛未"是在秦王政二十二年（前 225 年）。文書記録了案件的查偵、審理、供詞等内容，其間保存着一些關於市肆的細節描述，爲研究秦代市肆提供了難得的實例。朱德貴先生在《嶽麓秦簡奏讞文書商業問題新證》②一文裏，綜合《嶽麓書院藏秦簡（叁）》及其他秦簡材料，就秦代商品交換、市場管理和商業糾紛等幾個問題作了深入探討，文中對"列肆""市亭"有詳細論述。嶽麓書院朱錦程先生在博士學位論文《秦制新探》③裏專列一章討論秦代市場制度和官府交易制度，分析了先秦市場、市亭、市的社會功用、交易場所及過程等問題，文中也引用了"芮

---

① 朱漢民、陳松長主編：《嶽麓書院藏秦簡（叁）》，上海：上海辭書出版社，2013年，第 129—137 頁。
② 朱德貴：《嶽麓秦簡奏讞文書商業問題新證》，《社會科學》2014 年第 11 期，第154—165 頁。
③ 朱錦程：《秦制新探》，湖南大學博士學位論文，2017 年，第 114—125 頁。

盜賣公列地案" 的内容作爲論據。本文意圖進一步分析此案件文書所記有關市肆的細節，結合其他文獻材料，就秦代市肆在規劃、營建、管理等方面的一些問題提出幾點看法。

錄《嶽麓書院藏秦簡（三）》"芮盜賣公列地案" 釋文如下：

敢瀸（讞）之：江陵言："公卒芮與大夫材共蓋受棺列，吏後弗鼠（予）。芮買（賣）其分肆士五（伍）朵，地直（值）千，蓋二百六十九錢。以論芮。" 二月辛未，大（太）守令曰："問：芮買（賣）與朵別賈（價）地，且吏自別直，別直以論狀何如？勿庸報。鞫審。瀸（讞）。" 視獄：十一月己丑，丞暨劾曰："聞主市曹臣史，隸臣更不當受列，受棺列，買（賣）。問論。" 更曰："芮、朵謂更：棺列旁有公空列，可受。欲受，亭佐駕不許芮、朵。更能受，共。更曰：若（諾）。更即自言駕，駕鼠（予）更。更等欲治蓋相移，材爭弗得。聞材後受。" 它如劾。材曰："巳（已）有棺列，不利。空列，故材列。十餘歲時，王室置市府，奪材以爲府。府罷，欲復受，弗得。迺往九月辭（辭）守感。感令亭賀曰：毋（無）爭者，鼠（予）材。走馬喜爭，賀即不鼠（予）材。材私與喜謀：喜故有棺列，勿爭。材巳（已）治蓋，喜欲，與喜□貿。喜曰：可。材弗言賀，即擅竊治蓋，以爲肆。未歇（就），芮謂材：與芮共，不共，且辭（辭）爭。材詑【……喜】辭（辭）賀，賀不鼠（予）材、芮，將材、芮、喜言感曰：皆故有棺肆，弗鼠（予），擅治蓋相爭。感曰：勿鼠（予）。材……材□□□芮□□欲居，材曰："不可，須芮來。朵即弗敢居。" 它如更。芮曰："空列地便利，利與材共。喜爭，芮乃智（知）材弗得，弗敢居。迺十一月欲與人共漁，毋（無）錢。朵子士五（伍）方販棺其列下，芮利買（賣）所共蓋公地，卒又蓋□□□□與材共□□□芮分方曰：欲即并賈（價）地、蓋千四百。" 方前顧（雇）芮千，巳（已）盡用錢買漁具。後念悔，恐發覺有皋（罪），欲益賈（價）令方勿取，即枉（誣）謂方：賤！令二千，二千弗取，環（還）方錢。方曰：貴！弗取。芮毋（無）錢環（還）。居三日，朵責，與期：五日備賞（償）錢，不賞（償）錢，朵以故賈（價）取肆。朵曰：

若（諾）。即弗環（還）錢，去往·漁，得。"它如材、更。方曰：
"朵不存，買芮肆。芮後益賈（價），弗取。責錢，不得。不得居肆。
芮母索後環（還）二百錢，未備八百。"它及朵言如芮、材。駕言如
更。賀曰："材、喜、芮妻佞皆巳（已）受棺列，不當重受。"它及
喜言如材、芮。索言如方。詰芮："芮後智（知）材不得受列，弗敢
居，是公列地殹（也）。可（何）故給方曰巳（已）受，盜買（賣）
于方？巳（已）盡用錢，後撓益賈（價），欲令勿取。方弗取，有（又）
弗環（還）錢，去往漁。是即盜給人買（賣）公列地，非令。且以
盜論芮，芮可（何）以解？"芮曰："誠弗受。朵姊孫故爲兄妻，有
子。兄死，孫尚存。以方、朵終不告芮。芮即給買（賣）方，巳（已）
用錢，毋（無）以賞（償）。上即以芮爲盜買（賣）公地，皋（罪）
芮。芮毋（無）以避，毋（無）它解。"它如前。獄史豬曰："芮、
方并賈（價），豬以芮不【……】"【問：】"……費六百"九錢，買
（賣）分四百卅五尺，直（值）千錢。"它如辤（辭）。鞫之：芮不
得受列，擅蓋治公地，費六百九錢，□……地積四百卅五尺，……
千四百，巳（已）受千錢，盡用。後環（還）二百。地臧（贓）直
（值）千錢。得。獄巳（已）斷，令黥芮爲城旦，未□□□□□。
敢讞（讞）之。①

簡文的譯文參見《嶽麓書院藏秦簡（叁）》，案情分析參見朱德貴先
生《嶽麓秦簡奏讞文書商業問題新證》，在此不贅述，僅以通俗語言簡述
案情如下：

官府市肆有一塊空地，幾個人都爭着承租，作爲棺材鋪。公卒"芮"、
士伍"朵"，提出申請，主管官吏不批准，"芮"和"朵"就指使隸臣"更"
去申請，批准了。大夫"材"也來爭，因爲這塊地十幾年前就是他承租
的，後來營建"市府"（市場管理所）占了去。現在"市府"撤了，地空
出，"材"想再次承租這塊地，還找了太守批條子。走馬"喜"也申請承
租這塊地。"材""芮""喜"其實都已有市肆棺材鋪，依據法令不可再占，

① 朱漢民、陳松長主編：《嶽麓書院藏秦簡（叁）》，上海：上海辭書出版社，2013
年，第129—137頁。

所以主管官吏不批准他們的申請。儘管沒得到批准,"材"與"芮""喜"私下商議聯營,擅自在空地上搭建了棺材鋪的棚蓋。這會兒,"芮"打算跟人一起去捕魚賺錢,可是沒錢買漁具,就想歪主意,騙士伍"方"説,願意以 1400 錢轉讓部分店鋪給"方"。"方"首付 1000 錢。"芮"拿錢買漁具了。"芮"知道其實官府沒批准用地,擔心如果"方"真的在那營業會出事,就又騙"方"説,先前定的轉讓費低了,要漲到 2000 錢纔行,想以此阻止"方"進駐店鋪。"方"嫌貴,決定不租了,要"芮"退回已付的 1000 錢。然而錢全用盡了,哪有的退?"方"的父親"朵"就來找"芮",限期退錢,否則就按原先定價租得店鋪。"芮"的母親退還 200錢,還差着 800 錢呢。其實"芮"和"朵"是親戚,"朵"的姐姐是"芮"的嫂子,因此"朵"和"方"沒去官府告"芮"。隸臣"更"承租店鋪的事被監察官吏檢舉了,"更"是沒資格承租的。官吏訊問一干人等,牽出"芮"盜賣市肆鋪位的事,"芮"就被定罪判刑了。

下面主要從城市規劃史和建築史的角度來分析這篇文書材料提到的幾個概念:"市""列""肆""亭"。

一、"市"

據《周禮·考工記》記載:"匠人營國,方九里,旁三門。國中九經九緯,經塗九軌,左祖右社,面朝後市,市朝一夫。"[1]這説明早在周代的都城營建中,"市"就是要預先規劃的區域,"市"與宗廟、社稷壇、朝,同樣是都城規劃的重點。"市"的面積與"朝"的面積相同,都是"一夫之地",即長寬均爲一百步。《周官義疏》卷 45[2]繪製有市肆形制平面

---

① 李學勤主編:《十三經注疏·周禮注疏》,北京:北京大學出版社,1999 年,第 1149—1150 頁。

② 《欽定周官義疏》卷 45,《景印文淵閣四庫全書》,臺北:商務印書館,1986 年,第 99 册,第 508 頁。

圖：二十間屋圍合成一"肆"，二十"肆"圍合成"市"，"肆"間有路，"市"中爲"思次"，市場管理機構設置於此（圖 15-1）。不過，根據已知考古資料，目前並沒有發現哪處古城或是遺址完全符合《考工記》的規制，多見的是布局方式近似。春秋至漢，是里坊制確立期，"把全城分割爲若干封閉的'里'作爲居住區，商業與手工業則限制在一些定時開閉的'市'中。"①論及秦代市場建制的情況，有幾則材料常被引用，諸如《史記》《商君書》裏提到的秦獻公七年（公元前 378 年）"初行爲市"②，秦有"軍市"，"重關市之賦"③等，以説明秦代建"市"的時間、"市"的狀況。朱錦程先生認爲"初行爲市"應是指開始確立市場管理制度，而不是指的開始建立市場。④據考古發掘，秦雍城遺址裏有一處市場遺址。"雍城遺址，平面近長方形，東西長 3480 米，南北寬 3130 米，面積逾 10 平方公里……雍城北部的今翟家寺村附近，發現有市場遺址，其平面長方形，東西 180 米，南北 160 米，面積 2 萬平方米。市場周置圍牆（市牆），四面各辟一門。"⑤不妨把數據按照秦制復原，秦 1 尺約等於 0.231 米、6 尺爲 1 步，算得雍城市場遺址約合東西 130 步，南北 115 步，平面接近方形，面積略大於《考工記》所記的長寬均爲一百步的規制。一塊地長寬百步左右，可能是當時規劃城區用地的慣用尺度。在《嶽麓書院藏秦簡（貳）》所收秦代數學書《數》裏也見到一例："宇方百步，三人居之，巷廣五步，問宇幾可（何）。其述（術）曰：除巷五步，餘九十五步，以三人乘之，以爲法；以百乘九十五步者，令如法一步，即陲宇之從（縱）也。"⑥這個算題説的是三户人家均分一塊邊長百步的方形土

① 潘穀西主編：《中國建築史》，北京：中國建築工業出版社，2009 年，第 54 頁。

② 《史記》卷 6《秦始皇本紀》，北京：中華書局，1959 年，第 1 冊，第 289 頁。

③ 蔣禮鴻：《商君書錐指》卷 1《墾令第二》，北京：中華書局，1986 年，第 15、17 頁。

④ 朱錦程：《秦制新探》，湖南大學博士學位論文，2017 年，第 114 頁。

⑤ 劉慶柱：《中國古代都城遺址布局形制的考古發現所反映的社會形態變化研究》，《考古學報》2006 年第 3 期，第 284 頁。

⑥ 朱漢民、陳松長主編：《嶽麓書院藏秦簡（貳）》，上海：上海辭書出版社，2011 年，第 69 頁。

地建宅居住。《數》所記載的算題數據是有參考價值的，書中所記如布的尺幅和價值、各種糧食穀物的兑換比例、息錢等，都在其他文獻材料找到對應數據。雍城遺址 "市" 有圍牆，四面各辟一門，名爲 "闠"，《説文·門部》："闠，市外門也。"[1]亦見於睡虎地秦簡《秦律十八種·司空》："春城旦出繇（徭）者，毋敢之市及留舍闠外；當行市中者，回，勿行。"[2]孫機先生在《漢代物質文化資料圖説》一書裏對繪有 "市" 的畫像石作了綜述，文中説到成都出土的一塊 "市肆" 畫像磚，畫面表現了一處 "市肆" 的全景（圖 15-1）。此市呈方形，圍以闠牆，四面居中各有一門，門内大路縱橫相交，呈十字形，市中建有 "市樓"，樓上懸鼓，"市樓" 即 "旗亭"。《西京賦》薛注："旗亭，市樓也；立旗於上，故取名焉。"[3]漢承秦制，秦代 "市肆" 也可能與此畫像磚景象相似。（圖 15-2）

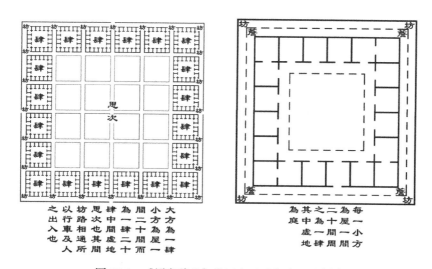

圖15-1　《周官義疏》卷四十五 "市肆" 示意圖

---

[1]（漢）許慎撰，（清）段玉裁注：《説文解字注》，上海：上海古籍出版社，1981年，第588頁。

[2] 睡虎地秦墓竹簡整理小組編：《睡虎地秦墓竹簡·釋文》，北京：文物出版社，1990年，第53頁。

[3] 孫機：《漢代物質文化資料圖説》，北京：文物出版社，1991年，第197—198頁。

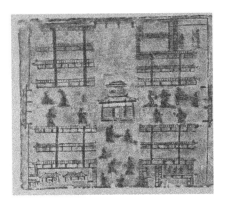

圖 15-2　四川博物館藏成都出土 "市肆" 畫像磚的照片及拓片

二、"列" 和 "肆"

《漢書·食貨志》："小者坐列販賣。"注："列者，若今市中賣物行也。"[①]朱德貴先生認爲 "肆" 和 "列" 都指市場中的商鋪，確是。祇不過我以爲這兩個概念還是有指向微差。看 "芮盜賣公列地案" 簡文，若所陳述的事情發生在未 "治蓋" 時，行文如："公卒芮與大夫材共蓋受棺列" "隸臣更不當受列" "棺列旁有公空列" "空列，故材列" "空列地便利"；若所陳述的事情發生在已 "治蓋" 後，行文如："芮買（賣）其分肆士五（伍）朵" "材弗言賀，即擅竊治蓋，以爲肆" "朵以故賈（價）取肆"，由此可知 "列" 與 "肆" 的區別着重在是否 "治蓋"。"列" 的含義傾向於商鋪所占之地，并強調商鋪用地的成行排列，"肆" 的含義傾向於搭有棚蓋、建有屋宇的商鋪。對商人的 "編伍" 也是基於 "列"，見於《睡虎地秦墓竹簡·秦律十八種》之《金布律》的記載："賈市居列者及官府之吏，毋敢擇行錢、布；擇行錢、布者，列伍長弗告，吏循之不謹，皆有罪。"

---

① 《漢書》卷 24，北京：中華書局，1962 年，第 4 冊，第 1132—1133 頁。

注釋："據簡文，商賈有什伍的編制，列伍長即商賈伍人之長。"①

　　"芮盜賣公列地案"裏關於"列肆"的幾個數據值得注意。先看"列肆"的面積。"芮"盜賣的"列肆"是"四百卅五尺"，這裏的"尺"應指"平方尺"。秦代的 435 平方尺換算過來約爲 23 平方米，與現在很多小商鋪相似。依據簡文所述"分肆""買（賣）分四百卅五尺"判斷，這個 435 平方尺指的是幾人共建店鋪的一部分，聯繫古建築木構屋架的特點，約相當於兩榀屋架所夾的一個開間的大小。將這個 435 平方尺店鋪面積與雍城市場遺址面積對比，可更直觀感知雍城市場規模（圖 15-3）。再看"列肆"的租價或轉讓價。"芮"轉讓店鋪給"方"第一次開價："欲即并賈（價）地、蓋千四百"，而"方"是接受 1400 錢這個價格的，并首付 1000 錢，等到"芮"說漲價到 2000 錢，"方"就嫌貴了。結案文書記錄的是"擅蓋治公地，費六百九錢"，"地臧（贓）直（值）千錢"，而一開始向上級奏讞寫的"地直（值）千，蓋二百六十九錢"，這個"二百六十九錢"是審案官吏自己估價的，即"吏自別直"。在《嶽麓書院藏秦簡（叁）》的另一個案件"識劫婉案"裏還見到一條記錄："婉以故鼠（予）肆、室。肆、室直（值）過六百六十錢。"②從這些數據，大致可看出當時的商鋪租價情況。那麼，這個租價是高是低呢？或可對比一下《睡虎地秦墓竹簡·秦律十八種》之《金布律》的記載："囚有寒者爲褐衣。爲帩布一，用枲三斤。爲褐以稟衣；大褐一，用枲十八斤，直（值）六十錢；中褐一，用枲十四斤，直（值）卌六錢；小褐一，用枲十一斤，直（值）卌六錢。""稟衣者，隸臣、府隸之毋（無）妻者及城旦，冬人百一十錢，夏五十五錢；其小者冬七十七錢，夏卌四錢。春冬人五十五錢，夏卌四錢；其小者冬卌四錢，夏卅三錢。"③依簡文，囚衣，大褐 60 錢，

① 睡虎地秦墓竹簡整理小組編：《睡虎地秦墓竹簡·釋文》，北京：文物出版社，1990年，第36—37頁。
② 朱漢民、陳松長主編：《嶽麓書院藏秦簡（叁）》，上海：上海辭書出版社，2013年，第161頁。
③ 睡虎地秦墓竹簡整理小組編：《睡虎地秦墓竹簡·釋文》，北京：文物出版社，1990年，第41—42頁。

中褐 46 錢，小褐 36 錢。隸臣等，冬衣 110 錢，夏衣 55 錢，小號冬衣 77 錢，小號夏衣 44 錢。春，冬衣 55 錢，夏衣 44 錢，小號冬衣 44 錢，小號夏衣 33 錢。再看簡文注釋："褐衣，用枲（音喜）即粗麻編製的衣，《孟子·滕文公上》注：'褐，枲衣也。'是古時貧賤者穿的衣服。""疑指每人應繳的衣價。推測領衣者如無力繳納，就必須用更多的勞役抵償。"[1]正如注釋所説，這裏的衣價不一定是市場交易價，但用以參照，也可大略看出"芮盜賣公列地案"的"列肆"租價并不算高昂。市場規模大、商鋪租價不高，這樣的有利條件必定吸引商人在市肆經營，繁榮商業，與"重關市之賦"的政策相配合，更能增加國家稅收。朱德貴先生并不同意"長期以來，學界前賢一般認爲，秦自商鞅變法以來，實行嚴格的重農抑商制度"的觀點，他指出："商鞅在《外內》中提出的思想主要是從農戰出發的，并非完全抑制商業的發展"，"在傳世文獻中也有秦官府對商業重視的記載"，"《嶽麓書院藏秦簡（叁）》所記載的秦發達之商業，應當與秦官府對商業的扶持不無關係。"[2]但我以爲，商業繁榮不一定就是得到官府扶持，而是利益所在。秦重農輕商，不僅傳世文獻多有述及，出土文獻也不乏記載，例如《睡虎地秦墓竹簡·爲吏之道》："自今以來，叚（假）門逆吕（旅），贅壻後父，勿令爲户，勿鼠（予）田宇。"注："假門，讀爲賈門，商賈之家。"[3]就是説，商賈之家被輕視，不能分得田地。正因如此，"芮"得到 1000 錢後，不是用於農事，而是用來買漁具捕魚，逐漁鹽商賈之利。漢初也是重農輕商，《漢書·食貨志》記載："天下已平，高祖乃令賈人不得衣絲乘車，重税租以困辱之。孝惠、高后時，爲天下初定，復弛商賈之律，然市井子孫亦不得爲官吏。"[4]然

---

① 睡虎地秦墓竹簡整理小組編：《睡虎地秦墓竹簡·釋文》，北京：文物出版社，1990年，第 42 頁。

② 朱德貴：《嶽麓秦簡奏讞文書商業問題新證》，《社會科學》2014 年第 11 期，第 159 頁。

③ 睡虎地秦墓竹簡整理小組編：《睡虎地秦墓竹簡·釋文》，北京：文物出版社，1990年，第 174—175 頁。

④ 《漢書》卷 24，北京：中華書局，1962 年，第 4 册，第 1153 頁。

而政府對老年人的優待政策却有允許在市肆經商、免收租金賦税的條令。見於武威出土的漢簡《王杖十簡》："市賣。復毋所與。"《王杖詔令册》："年六十以上毋子男爲鰥（鱙），女子年六十以上毋子男爲寡，賈市，毋租，比山東復。""夫妻俱毋子男爲獨寡，田毋租，市毋賦，與歸義同，沽酒釀列肆。""列肆賈市，毋租，比山東復。"依據胡平生先生對《王杖十簡》和《王杖詔令册》簡文的校釋，"市賣"就是"得市賣"，准許在市肆經商的意思。夫妻都没有男孩子贍養，就叫作"孤寡"，他們的田地不收租，他們做買賣不收税，他們可以在市場經營别人不許經營的酒類的買賣。①

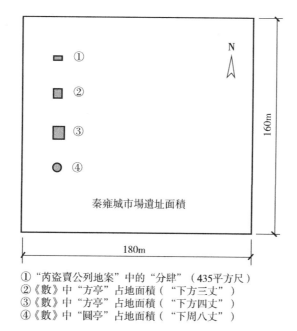

① "芮盜賣公列地案"中的"分肆"（435平方尺）
② 《數》中"方亭"占地面積（"下方三丈"）
③ 《數》中"方亭"占地面積（"下方四丈"）
④ 《數》中"圓亭"占地面積（"下周八丈"）

圖 15-3　秦雍城市場遺址面積與 "肆""亭" 面積對比示意圖

---

① 胡平生：《玉門、武威新獲簡牘文字校釋——讀〈漢簡研究文集〉札記》，《考古與文物》1986 年第 6 期，轉引自胡平生：《胡平生簡牘文物論稿》，上海：中西書局，2012 年，第 215—227 頁。

三、"市　　亭"

　　"芮盜賣公列地案"文書裏出現了管理市肆的官員："亭佐駕""亭賀"，他們管理店鋪承租權，管理"市籍"，有承租人的記録，明辨申請人有無承租資格。又見嶽麓書院藏秦簡《金布律》的記載："黔首賣奴卑（婢）、馬牛及買者，各出廿二錢以質市亭。"①也説明"亭"對商業活動的管理權。之前有學者依據"芮盜賣公列地案"裏記載了太守"感"的介入，認爲"亭"的事務"在産生糾紛時，直接接受太守的領導"②，這點或不可確定。我的看法，在"芮盜賣公列地案"裏，是因爲大夫"材"找太守"感"幫忙，"感"纔關照承租一事。這很可能祇是私人請托關係，而不能證明職能隸屬關係。附帶提及一點，從簡文"十餘歲時，王室置市府，奪材以爲府"可知，管理市肆的機構還有"市府"。

　　關於秦"亭"制，朱德貴先生有段簡述："秦'亭'之最高行政長官稱爲'亭長'、'校長'或'亭嗇夫'，其下屬機構有'亭佐'、'求盜'等，具體負責'亭'的社會治安和市場管理。"③這主要説的城市中的"亭"，而城外還有"鄉亭"和廣泛分布於荒野的"亭"。《漢書·百官公卿表》描述"鄉亭"是："大率十里一亭，亭有長。十亭一鄉，鄉有三老、有秩、嗇夫、游徼。三老掌教化。嗇夫職聽訟，收賦税。游徼徼循禁賊盜。縣大率方百里，其民稠則減，稀則曠，鄉、亭亦如之，

---

① 陳松長主編：《嶽麓書院藏秦簡（肆）》，上海：上海辭書出版社，2015 年，第134 頁。
② 朱德貴：《嶽麓秦簡奏讞文書商業問題新證》，《社會科學》2014 年第 11 期，第162 頁。
③ 朱德貴：《嶽麓秦簡奏讞文書商業問題新證》，《社會科學》2014 年第 11 期，第162 頁。

皆秦制也。"①蘇衛國先生在其博士學位論文《秦漢鄉亭制度研究》裏
詳細論述了"亭"職能有:"扁書"(政令公告之類)、"習射"於鄉亭;
官民出行借"亭"止息;"以亭行"的傳送工作;役人刑徒居作之"亭
部";邊郡之"亭"與邊防之"亭"。②

　　對於"亭"的建築形制的推測,蘇衛國在《秦漢鄉亭制度研究》
中引用了張渝新先生在《中國古建"亭"的發展演變淺析》一文中的
論述:"亭是中國古代建築中最具特點、最形式多變和最廣泛應用的
建築形式之一。一般認爲'亭'產生的年代是盛唐,這已成爲《辭源》
等各種大型工具書的通行觀點。但這一觀點是值得商榷的。'亭'在
唐以前有一個漫長的發生、發展和成熟的過程,如果以工具書的'有
頂無牆的小型建築'爲標準,則'亭'應在唐末北宋纔成型,如果以
一種發展的眼光來看,'亭'則應該有更早的歷史。"③確實,"亭"有
更早的歷史,在《嶽麓書院藏秦簡(貳)》裏就有關於"亭"的算題
及術文:

　　　方亭,乘之,上自乘,下自乘,下壹乘上,同之,以高乘之,
令三而成一。【0830】

　　　乘方亭述(術)曰:上方耤之下各自乘也,而并之,令上方有
(又)相乘也,以高乘之,六成一。【0818】

　　　☑亭,下方三丈,上方三〈二〉丈,高三丈,爲積尺萬九千尺。
【0777】

　　　方亭,下方四丈,上三丈,高三丈,爲積尺三萬七千尺。【0959】

　　　乘圜(圓)亭之述(術)曰:下周耤之,上周耤之,☑各自乘
也,以上周壹乘下周,以高乘之,卅六而成一。【0768+0808】

---

① 《漢書》卷19《百官公卿表》,北京:中華書局,1962年,第3冊,第742頁。

② 蘇衛國:《秦漢鄉亭制度研究》,哈爾濱:黑龍江人民出版社,2010年,第
143—196頁。

③ 張渝新:《中國古建"亭"的發展演變淺析》,《四川文物》2002年第3期,第
50頁。

員（圓）亭上周五丈，下〔八〕丈，高二丈，爲積尺七千一百六十六尺大半尺。其术（術）曰：耤上周各自下之後而各自益。【0766】①

《嶽麓書院藏秦簡（貳）》所收録的算題和術文的内容與基層官吏的職責緊密相關，主要涉及租税、倉儲物資管理、土地測量、建築工程等方面的計算。其中與工程土方量或建築體量計算相關的保存較完整的算題或術文（計算方法），按建築類型分布情況是："倉" 2 題，"城" 及 "城止" 4 題，"芻童"（簡首文字殘缺，依照算題數據推測所述爲 "芻童" 形體）1 題，"隄（堤）" 1 題，"亭"（方亭和圓亭）6 題，坑（簡首文字殘缺，依照算題數據，是向下挖的方棱錐平頭截體，即倒過來的 "方亭"）1 題，"除"（墓道）1 題。可見關於 "亭" 的算題是最多的，説明此類建築常用、常見，這倒是很符合秦 "亭" 遍布城市鄉野的情況。不難看出《數》算題裏的 "亭" 是方棱臺和圓臺，其建築面積與秦雍城市場遺址的面積對比關係如圖 15-3 所示。基於此，我的判斷是：秦 "亭" 的建築形制或者其中的標志性建築形制，應是基座爲正四棱臺或圓臺的高臺建築，基座臺體可能是土石夯築，也可能是有使用功能的單層或多層建築。那麼 "亭" 的分布是怎麼規劃的呢？"鄉亭" 有 "十里一亭" 之説，至於 "市亭"，可能就如市肆畫像磚裏描繪的景象，建在市場中心位置，"市亭" 即 "市樓"，即 "旗亭"。另外，《睡虎地秦墓竹簡·封診式》也見到相關記載："盜馬 爰書：市南街亭求盜才（在）某里曰甲縛詣男子丙，及馬一匹，騅牝右剽；緹覆（複）衣，帛裏莽緣領褎（袖），及履，告曰：'丙盜此馬、衣，今日見亭旁，而捕來詣。'" 注："市南，市場之南。街亭，城市内所設的亭，如《續漢書·百官志》注引《漢儀》：'雒陽二十四街，街一亭。'" 或可這樣推斷：在都城里，"亭" 按 "街" 設置，"亭" 正好設於 "市" 中，則爲 "市亭"。

（致謝：感謝四川省博物館提供館藏畫像磚的照片及拓片資料。）

---

① 朱漢民、陳松長主編：《嶽麓書院藏秦簡（貳）》，上海：上海辭書出版社，2011年，第 26 頁。

葉夢評點蕭燦

　　初見蕭燦，有人介紹這個軟妹是湖南大學建築學院博導，我并不驚詫。

　　我驚詫的是眼前這一明眸皓齒的女孩，執教博導，之前的十數載寒窗苦讀，竟無酸腐木訥之氣，言談中透出難得的天真俏皮。依我老文盲之陋見，女孩子讀到博士，有一部分肯定讀呆了，讀傻了，而蕭燦仍透着掩飾不住的靈氣與天真，這女孩兒肯定是一個異數。

　　果然！不久，蕭燦根據畫家魏懷亮、阮國新等的繪畫，陸續爲"一本書的表情"做出十來幅動畫，動畫可保存到微信表情，這些神奇的表情亮瞎我的朋友圈，北上廣深的藝術家朋友紛紛點贊，都説有味有味！祇問這是誰做的？是怎麼做出來的？一問蕭燦，却説，這是建築師必備的手藝。

　　這僅僅是蕭燦好玩時偶爾亮一小手的手工活，她還有好多本事藏着咧！

　　欣賞蕭燦的一個重要原因是她能喝白酒，她考大學時本準備報考物理系的，被父親代爲填了建築學，因此蕭燦鬱悶時常借二鍋頭解悶，喝上了白酒。

　　欣賞她的另一個原因是蕭燦習武（湖南大學武術隊的隊員），心中若有塊壘必提刀往嶽麓山上而去。自登高路依道而上，沿途和尚道士小販一干人紛紛給她打招呼，故有人戲稱蕭燦爲山長。

　　其實她的本科、碩士都是湖大建築學，博士讀的是歷史學。她研究方向却是簡帛。三年前拜師國畫家魏懷亮門下爲徒，研習花鳥，自習古體詩，眼看就要往傳統路上而去，我想她有本事但絶不會成學究的。她是學問家群體裏最有靈氣、最生動的妹子。

前不久見蕭燦在小範圍朋友群曬她的新巢香閨，全景片中竟然有月亮門？房子裝飾有味到底是學建築出身人的自行設計，其中有些係燦妹子自己手做的。

燦妹子真叫文又文得，教得書，搞得研究，作得畫，吟得詩。武又武得，玩刀耍劍，喝酒不讓鬚眉，經常獨自吹一瓶冰涼透心的乾白葡萄酒。

蕭燦生爲女子乃一娉娉婷婷的美女，形象端莊，有秋瑾儀態，內心有大格局，我喜歡。

葉　夢

2017 年 12 月 21 日

附　　錄

［1］蕭燦、朱漢民：《嶽麓書院藏秦簡〈數書〉中的土地面積計算》，《湖南大學學報（社會科學版）》2009 年第 2 期，第 11—14 頁。

［2］蕭燦、朱漢民：《嶽麓書院藏秦簡〈數〉的主要内容及歷史價值》，《中國史研究》2009 年第 3 期，第 39—50 頁。

［3］朱漢民、蕭燦：《從嶽麓書院藏秦簡〈數〉看周秦之際的幾何學成就》，《中國史研究》2009 年第 3 期，第 51—58 頁。

（此文被譯爲日文，刊於《大阪産業大學論集（人文・社會科學編）9 號》2010 年第 6 期，第 66—79 頁。）

［4］蕭燦、朱漢民：《周秦時期穀物測算法及比重觀念——嶽麓書院藏秦簡〈數〉的相關研究》，《自然科學史研究》2009 年第 4 期，第 422—425 頁。

［5］蕭燦、朱漢民：《勾股新證——嶽麓書院藏秦簡〈數〉的相關研究》，《自然科學史研究》2010 年第 3 期，第 313—318 頁。

［6］蕭燦：《從〈數〉的“輿（與）田”“税田”算題看秦田地租税制度》，《湖南大學學報（社會科學版）》2010 年第 4 期，第 11—14 頁。

［7］蕭燦：《秦簡〈數〉之“耗程”“粟爲米”算題研究》，《湖南大學學報（社會科學版）》2011 年第 2 期，第 9—11 頁。

［8］陳松長、蕭燦：《嶽麓書院藏秦簡〈數〉的兩例衰分類問題研究》，中國文化遺産研究院編：《出土文獻研究》第 10 輯，北京：中華書局，2011 年，第 109—112 頁。

［9］蕭燦：《秦漢土地測算與數學抽象化——基於出土文獻的研究》，《湖南大學學報（社會科學版）》2012 年第 5 期，第 11—14 頁。

［10］蕭燦：《試析〈嶽麓書院藏秦簡〉中的工程史料》，《湖南大學

學報（社會科學版）》2013 年第 3 期，第 26—28 頁。

　　[11] 蕭燦：《〈嶽麓書院藏秦簡（貳）〉釋讀札記》，中國文化遺産研究院編：《出土文獻研究》第 11 輯，上海：中西書局，2012 年，第 167—173 頁。

　　[12] 蕭燦：《讀〈陳起〉篇札記》，《自然科學史研究》2015 年第 2 期，第 257—258 頁。

　　[13] 蕭燦：《秦人對數學知識的重視與運用》，《史學理論研究》2016 年第 1 期，第 17—19 頁。

　　[14] 蕭燦、唐夢甜：《從嶽麓秦簡"芮盜賣公列地案"論秦代市肆建築》，《湖南大學學報（社會科學版）》2017 年第 5 期，第 14—19 頁。

後　　記

回憶的感覺，挺沉的。

我本科讀的湖南大學建築學院建築學專業，碩士研究生階段讀的建築設計及其理論專業，畢業後留校工作，初爲研究生教務秘書，後轉到建築歷史教研室任講師，2007 年考入嶽麓書院，在職攻讀歷史學博士學位，導師是朱漢民教授，2010 年底畢業。若問我爲什麼在博士階段轉專業？因爲那會兒若要讀建築學專業的博士，很難排上號呢。可我在讀完碩士後還想進一步做研究工作，而從歷史和文化的角度研究建築是行得通的，且我對嶽麓書院思慕已久，"惟楚有才，於斯爲甚"啊！至於怎麼就轉到研究簡牘、研究數學史了呢？這個，或是天意吧。

能在嶽麓書院讀書，是一種福緣吧，那個院子真是充滿着書卷氣呢。考博之前，我已在嶽麓書院聽課兩年，幾位教授特有趣。先説陳成國老師。我們學生都稱他"老夫子"。他講課看着天花板搖頭晃腦，直行板書，祇寫繁體字。陳老夫子講《禮記》《周禮》《儀禮》，不僅要求學生背下經書原文，還要求記住各家注疏。此後，我讀經時就知道要一并重視歷代名家注疏，於不經意間爲後來寫秦簡注釋作了準備。再説吳龍輝老師。隔多遠就能覺着他骨子裏透出的傲氣。吳老師的古體詩寫得相當好。"原是銀河垂釣客，爲知憂患到人間"，最喜歡他這句詩。我偶爾填詞，數次拿自己的詞稿給吳老師看，有次得了他一句評語："你的詞，如李賀詩。"足矣。

我的導師是朱漢民教授，時任嶽麓書院院長。我猜，導師大人在剛收下我這學生之時，大概有些發愁吧？看着一個理工科竄過來的妹子傻愣愣站在跟前……我是朱老師收的第一個女博士生，從此改變了導師大人在招收博士生這件事上的"重男輕女"，嘿嘿，很有成就感哦。還記得朱老師在擬定對我的"培養計劃"時，那皺着眉的凝重表情，哈哈！朱老師給我定了很多課程，其中有一門古文字課，然後我就乖乖去聽課了，就遇到古文字和出土文獻研究界的"大牛"陳松長老師了。陳老師給我講古文字時，聽課的學生祇有三人，於是我們三人就有很多請教老師的機會。幸福。

2007 年 12 月一批秦代竹簡入藏嶽麓書院。2008 年我加入整理小組，主要負責整理這批秦簡中的數學簡。我一個"菜鳥"來做這項工作，艱難可想而知。幸運的是，我得到很多老師的幫助，比如説：彭浩老師常通過 QQ 指導我，覺得打字麻煩時就直接通視頻；郭書春老師、鄒大海老師，他們習慣用 Email，都是神速回復我的問題；陳松長老師，近水樓臺啦，直接在書院内圍追堵截他，當面請教……2010 年底，整理工作基本完成，我的博士學位論文《嶽麓書院藏秦簡〈數〉研究》也答辯了，李學勤先生任答辯委員會主席。我好像是對導師説了一句"一生祇爲這一天"，我自己記不清了，導師却一直記得，時不時地，念着、歎着。

從 2009 年開始，我陸續在《湖南大學學報》《中國史研究》《自然科學史研究》《出土文獻研究》等期刊發表以秦簡《數》爲研究對象的小論文。十年過去了，這次出版論文集，就算是個小結吧。願以一首舊作《鷓鴣天》説出此刻心境：

> 烏漆門楣烏鵲飛，
> 新枝無力老枝垂。
> 身拖舊病方纔起，
> 夢繞南柯不肯回。
>
> 青玉骨，散仙衣，
> 十分單瘦也相宜。
> 如何一點癡心淚，
> 判作三千劫后灰。

蕭 燦

2018 年 6 月 1 日